U0163118

数码摄影照片管理及后期处理技法
——Lightroom系统案例教程

主　编　李政洋　章　虹

副主编　沈迪修　黄程欣　丁祥青

苏州大学出版社
Soochow University Press

图书在版编目（CIP）数据

数码摄影照片管理及后期处理技法：Lightroom 系统
案例教程/ 李政洋，章虹主编. —苏州 ：苏州大学出
版社，2022.12
ISBN 978-7-5672-4016-2

Ⅰ.①数… Ⅱ.①李… ②章… Ⅲ.①数字图像处理
－教材 Ⅳ.①TN911.73

中国版本图书馆 CIP 数据核字（2022）第 152175 号

书　　名：**数码摄影照片管理及后期处理技法**
　　　　　—— Lightroom 系统案例教程

主　　编：李政洋　章　虹
责任编辑：刘一霖

出版发行：苏州大学出版社（Soochow University Press）
社　　址：苏州市十梓街 1 号　　邮编：215006
印　　刷：苏州市深广印刷有限公司印装
邮购热线：0512-67480030
销售热线：0512-67481020

开　　本：889 mm×1 194 mm　1/16　印张：16　字数：368 千
版　　次：2022 年 12 月第 1 版
印　　次：2022 年 12 月第 1 次印刷
书　　号：ISBN 978-7-5672-4016-2
定　　价：78.00 元

若有印装错误,本社负责调换
苏州大学出版社营销部　电话：0512-67481020
苏州大学出版社网址　http://www.sudapress.com
苏州大学出版社邮箱　sdcbs@suda.edu.cn

出版说明

　　五年制高等职业教育（简称五年制高职）是指以初中毕业生为招生对象，融中高职于一体实施五年贯通培养的专科层次职业教育，是现代职业教育体系的重要组成部分。

　　江苏是最早探索五年制高职教育的省份之一。江苏联合职业技术学院作为江苏五年制高职教育的办学主体，经过20年的探索与实践，在培养大批高素质技术技能人才的同时，在五年制高职教学标准体系建设及教材开发等方面积累了丰富的经验。在"十三五"期间，江苏联合职业技术学院组织开发了600多种五年制高职专用教材，覆盖了16个专业大类，其中178种被认定为"十三五"国家规划教材。学院教材工作得到国家教材委员会办公室认可并以"江苏联合职业技术学院探索创新五年制高等职业教育教材建设"为题编发了《教材建设信息通报》（2021年第13期）。

　　在"十四五"期间，江苏联合职业技术学院将依据"十四五"教材建设规划进一步提升教材建设与管理的专业化、规范化和科学化水平。一方面将与全国五年制高职发展联盟成员单位共建共享教学资源，另一方面将与高等教育出版社、凤凰职业教育图书有限公司等多家出版社联合共建五年制高职教育教材研发基地，共同开发五年制高职专用教材。

　　本套"五年制高职专用教材"以习近平新时代中国特色社会主义思想为指导，落实立德树人的根本任务，坚持正确的政治方向和价值导向，弘扬社会主义核心价值观。教材依据教育部《职业院校教材管理办法》和江苏省教育厅《江苏省职业院校教材管理实施细则》等要求，注重系统性、科学性和先进性，突出实践性和适用性，体现职业教育类型特色。教材遵循长学制贯通培养教育教学规律，坚持一体化设计，契合学生知识获得、技能习得的累积效应，结构严谨，内容科学，适合五年制高职学生使用。教材遵循五年制高职学生生理成长、心理成长、思想成长跨度大的特征，体例编排得当，针对性强，是为五年制高职教育量身打造的"五年制高职专用教材"。

序言

党的十九大以来，党中央、国务院推出了一系列职业教育改革发展的重大举措。《国家职业教育改革实施方案》《职业教育提质培优行动计划（2020—2023年）》《关于推动现代职业教育高质量发展的意见》等文件从深化改革到提质培优，直至高质量发展，逐级递进，明确了"十四五"期间职业教育改革发展的政策框架。为贯彻落实国家关于加快推进职业教育现代化的要求，推进江苏省职业教育高质量发展，江苏省教育厅印发了《江苏省职业教育质量提升行动计划（2020—2022年）》。

根据以上文件精神，江苏联合职业技术学院动漫与数媒专业建设指导委员会（简称"动漫与数媒专指委"）通过组织各专业教师编写高质量的五年制高职院本教材，带动专业水平的整体提升。对入选学院"十四五"规划教材的专业教材的开发、出版及使用情况开展调研，组织有关专家对教材的高质量出版进行论证。

动漫与数媒专指委认为，本教材体现了党和国家的教育方针、政策，落实了立德树人的根本任务，加强了教材的先进性、科学性建设，有利于学生自主学习能力的培养和专业素养的提高，凸显了职业教育特色，符合五年制高职学生的认知水平和培养要求。

本教材的编写得到了苏州大学出版社的指导与支持。本教材以多个项目为主体，注重工作场景的问题分析与处理，将数码照片的管理及后期处理、展示、输出的完整工作流科学呈现，突出对学生专业实践能力和职业能力的培养，契合职业岗位的需求。

本教材不仅适用于五年制高职高专动漫制作技术专业、数字媒体艺术设计专业的摄影及图片后期处理相关课程教学，以及高职高专艺术专业、电子商务专业的相关课程教学，也适用于高中起点的高职院校学生的学习，还适用于数码照片后期处理的学习者和摄影爱好者的学习。

江苏联合职业技术学院
动漫与数媒专业建设指导委员会

前言

在移动互联网和数码摄影日益普及的今天，人们对数码照片的后期处理已不再陌生，并且各类艺术设计及媒体专业人士对数码照片的管理、存储、展示和发布要求也越来越专业化和个性化。针对职业能力需求水平的提升，越来越多的院校在艺术设计、媒体、电子商务等专业开设了数码照片管理及后期处理的专业课程。

Lightroom 是由 Adobe 公司开发的后期摄影处理软件。该软件功能齐备，并且具有很强的定制能力。其强大的组织和图形图像处理功能可以帮助用户快速浏览、修改照片。该软件支持多种 RAW 格式图片，是业界应用得最广泛的图形图像处理软件之一。

Lightroom 软件版本众多，每年都会有更新，并会添加一些新功能，但 2015 年之后的各个版本之间在操作逻辑和功能面板上基本保持了一致性，以方便用户使用。本教材系统地介绍了 Lightroom 的基本操作技巧和数码照片管理和后期处理技法，覆盖了商业项目中数码照片处理的完整工作流程。

本教材采用项目化教学方式设计教学内容，共有 8 章。教师可以根据需求灵活地采用先讲后练、先练后讲、边讲边练的方式进行教学。学生可以借助各类数字化教学资源进行自主探究、合作学习，既可以系统地学习本教材的全部内容，也可以选择某个项目单独学习。本教材的模块案例具有操作简单、针对性强等特点，便于学生逐步掌握软件丰富的功能并根据个人操作习惯进行个性化定制，实现因材施教。教材最后一章精心安排了部分操作速览，供自学能力强的学生进行查阅。

本教材的编写得到了江苏联合职业技术学院动漫与数媒专业建设指导委员会的指导。本教材由李政洋、章虹任主编，沈迪修、黄程欣、丁祥青任副主编。其中，黄程欣编写第一章，章虹编写第二章，李政洋编写第三章、第四章、第五章和附录，沈迪修编写第六章和第七章，丁祥青老师对全书的内容筛选和结构编排提出了中肯的意见和建议。全书所有案例图片均由李政洋、黄程欣、沈迪修独立拍摄。

本教材中对 Lightroom 的菜单、对话框和各项参数的描述因软件版本原因，与其他资料的描述可能不完全一致，敬请理解。尽管我们在编写本教材时已竭尽全力，但书中仍会存在问题，欢迎读者批评指正。

编者

目 录

1

3

第一章

Lightroom

数码照片的导入

模块 1　照片存储介质的选择

在进入 Lightroom 并开始导入照片之前，你需要先决定所有照片（这里泛指所有拍摄、下载或者需要处理的照片）的存储位置。你需要一个大容量的存储设备来保存整个照片库。如今的硬盘价格比较便宜，因此，笔者并不推荐使用网盘存储，毕竟高额的会员费用和缓慢的下载速度都不适合照片的后期管理。

如果计算机硬盘的可用空间十分充足，那么你可以将所有的照片存储在此空间里。你也可以购入一个性能好、速度快、容量大的外接硬盘（建议至少 4 TB），因为如果有计划将未来所拍摄的照片也都存储在计算机硬盘中，那么计算机的存储空间很快会被填满。Lightroom 的功能非常强大（图 1-1），可以将照片存储在其他独立的外接硬盘中（具体操作将在后面的内容中提及）。

图 1-1

模块 2　　选择合适的备份策略

　思考

　　遇到硬盘损坏应如何处理？硬盘的寿命是有限的，所有的照片都应当做备份。我们至少要有一个额外备份的照片库。硬盘故障导致照片的丢失会给人造成麻烦，对于职业摄影师而言甚至会产生法律问题，严重影响信誉，因此保证照片的安全性是一个不容忽视的环节。

　实践操作

（1）用于存储的硬盘必须完全独立在外

　　将原始图库和备份图库放在同一个硬盘里时，可能会发生原始图库和备份图库同时崩溃的情况，从而导致照片永远丢失，所以将备份图库存储在除主硬盘之外的另一个外接硬盘中是很有必要的。

　　如图1-2所示，笔者在计算机上使用了3块独立的硬盘。系统和 Lightroom 软件安装在磁盘0中。

磁盘 0 基本 465.64 GB 联机	300 MB 状态良好	win (C:) 199.43 GB NTFS 状态良好 (启动, 页面文	582 MB 状态良好 (	software (D:) 265.34 GB NTFS 状态良好 (基本数据分区	
磁盘 1 基本 465.75 GB 联机	back up (E:) 465.75 GB NTFS 状态良好 (基本数据分区)				
磁盘 2 基本 3726.01 GB 联机	data (F:) 500.00 GB NTI 状态良好 (基本	media (G:) 500.00 GB NTI 状态良好 (基本	works (H:) 200.10 GB N 状态良好 (基	gallery (I:) 2458.01 GB NTF 状态良好 (基本数	volume (J: 67.90 GB N 状态良好 (基

图 1-2

磁盘1被单独命名为"back up"，用来存放备份图库。而原始图库被存放在磁盘2的"gallery"分区中。

（2）图库备份地点应与工作或学习地点有区分

　　为了避免两个存储图库的外接硬盘在同一地点发生意外而有所损坏，你需要将两个外接硬盘分开存放。例如，将有源文件的工作硬盘存放在工作室，将另一个存有备份图库的外接硬盘存放在家里。此外，在条件允许的情况下，最好将图库进行"云备份"。

模块 3 　　导入前组织照片

很多人都会遇到为照片存储位置而犯难的问题。他们对 Lightroom 的存储功能迷惑不解，认为其毫无章法。如果你能在使用 Lightroom 前先组织照片，那么接下来的工作流程将更加顺利。这样做不仅能明确照片的位置，而且即便你不在计算机旁，别人也能通过精确的存储位置找到所需要的照片。

在进入 Lightroom 前，整理照片的关键步骤就是，首先打开外接硬盘并且创建一个新的文件夹（这个文件夹就是用来存放所有照片的主图库文件夹），然后为这个新建的文件夹命名，例如"Lightroom Photos"。新建这个文件夹的好处在于，需要备份照片时，只需要备份这个文件夹。

为了整理不同的照片，我们可以按照照片的内容，在文件夹里新建名为"风景""人像""旅行""纪实"等的子文件夹。假设我们已经在旅游的过程中拍摄了许多照片，回来整理的时候就可以按照不同的地点去命名子文件夹。这样既方便查找，也方便今后添加更多的照片。

现在计算机里可能有很多存储照片的文件夹，这时候我们就需要把它们拖入对应主题的子文件夹中。文件夹名应该越简单直白越好。

如果你想要更深入地整理照片，那么可以在创建完 Lightroom 照片主文件夹后进行如下操作：不用照片的主题（如旅行、运动、家庭等）命名文件夹，而是用年份（如 2015 年、2014 年、2013 年等）来命名；然后在年份文件夹中新建主题文件夹，再在每个主题文件夹中新建子文件夹。这样你的照片就是按拍摄年份存储的了。例如：2012 年你去过北京，就可以将"北京"文件夹拖入"2012 年"文件夹中的"旅行"文件夹中。

模块 4　　　导入照片

如果你已经熟悉了照片的存储位置，并在查找照片时毫无压力，就可以开始照片导入流程了。

实践操作

打开 Lightroom。如果你此前已经将准备导入的照片进行了组织并且存放到计算机上的某个位置，那么将照片导入 Lightroom 的方式很简单，只需要单击"图库"模块左下方的"导入"按钮（图1-3），将已经存放在计算机中的图片选中并导入即可。这些操作并不会改变图片存放的位置，但需要我们在开始使用 Lightroom 之前就做好图片的整理。而在更多情况下，我们会选择连接相机存储卡，将其中的照片直接导入图库。

图 1-3

当将相机或者读卡器连接到计算机时，Lightroom 会认为用户想要导入照片。我们会看到导入窗口的左上角有一个下拉菜单（图1-4）。如果需要从其他存储卡中导入，请单击"从"按钮，从弹出的菜单中选择其他读卡器，或者可以选择从其他地方导入，例如桌面或者 Pictures 文件夹，或者选择最近导入过的其他文件夹。

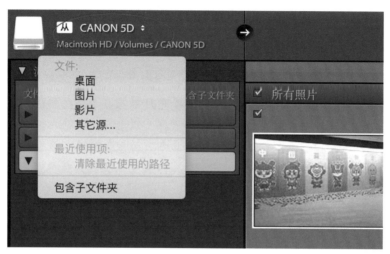

图 1-4

中间预览区域右下角的下方有一个"缩览图"滑块（图1-5），它可以控制缩览图预览的尺寸。如果想看到更大的缩览图，可以向右拖动该滑块。

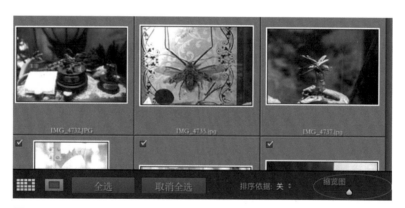

图 1-5

提 示　　以更大尺寸查看照片

如果想以全屏大尺寸查看将要导入的照片，只要在照片上双击或者按字母键【E】即可。再次双击照片或者按字母键【G】可缩回原来的尺寸。按键盘上的【＋】键可以放大缩览图，按【－】键则会使其变小。该功能在导入窗口和"图库"模块的网格视图下都适用。

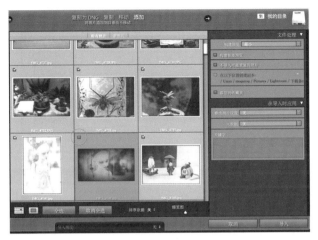

图 1-6

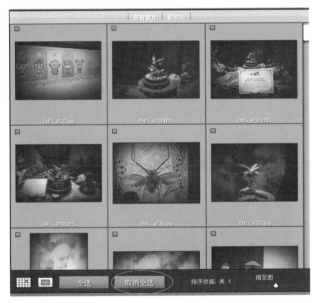

图 1-7

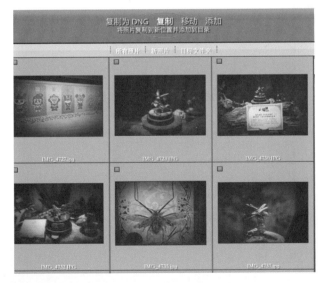

图 1-8

　　预览就是将导入的照片变为缩览图。其优点是可以选择实际需要导入哪些照片。在默认状态下，所有照片旁边都有一个选取标记，如图 1-6 所示。这意味着它们全部被标记为导入。对于不想导入的照片，只要不勾选其复选框即可。

　　如果存储卡上有多张照片，而我们只想导入其中的少数照片，则只需单击预览区域左下角的"取消全选"按钮（图 1-7），再按【Ctrl】（Mac：【Command】）键并单击我们要导入的照片，之后勾选被选中照片缩览图左上方的复选框，让它们处于选取状态。此外，如果从"排序依据"下拉菜单（预览区域下方）内选择被选中状态，则所有被选取的照片将依次显示在预览区域的上部。

　　在导入窗口上部中央位置，我们可以选择复制文件（图 1-8），或选择"复制为 DNG"，在导入照片时将它们转换为 DNG 格式。其实选择任何一种都可以。如果此时我们不确定该如何做，只需选择默认设置复制即可。此设置能够将照片从存储卡复制到计算机或外接硬盘，并将它们导入 Lightroom 中。

　　在"复制为 DNG"和"复制"按钮下方有三个视图选项（图 1-9）。在默认状态下，预览区域将显示存储卡上的所有照片，但是，下一次导入该存储卡中新存储的照片时，预览区域仅显示存储卡中还未导入的照片。在"目标文件夹"视图模式下，预览区域将会隐藏与导入到文件夹内的已有照片名称相同的所有照片。"新照片"和"目标文件夹"这两个视图选项能避免混淆，使我们在移动文件位置时更容易观察所做的操作。如果不需要它们，则完全可以不用它们。

图 1-9

　　下面要介绍 Lightroom 把导入的照片存储到了哪里。如图 1-10 所示，导入窗口的右上角显示照片将要存储在计算机上的位置。单击"到"按钮，从弹出的菜单（图 1-11）中可以选择默认图片收藏文件夹，或者可以选择其他文件夹。无论选择哪个选项，只要观察目标位置面板中显示的该文件夹在计算机上的路径，就可以知道照片将来的存储位置。

图 1-10

图 1-11

如果选择前面新建的 Lightroom Photos 文件夹作为照片的存储位置，就可以把照片放到以日期命名的文件夹中。或者可以新建文件夹，按照个人喜好将其重新命名：转到该窗口右侧的"目标位置"面板，勾选"至子文件夹"复选框（图 1-12），之后在显示出的文本框内输入你喜欢的文件夹名称。用拍摄对象的内容来命名文件夹更便于找到这些照片，也可以按年或者按月排序所有照片。

如果想让 Lightroom 按日期组织照片文件夹，首先一定要取消勾选"至子文件夹"复选框，之后从"组织"下拉菜单中选择"按日期"，然后在"日期格式"下拉菜单中选择喜欢的日期格式。例如，如果我们选择图 1-13 中所示的日期格式，则该文件夹下方将不会另外创建一个子文件夹。

图 1-12　　　　　　图 1-13

我们现在知道了文件来自哪里，将保存到哪里。下面介绍"文件处理"面板内的一些重要选项。

"构建预览"下拉菜单内有 4 个选项。这 4 个选项可以决定 Lightroom 中较大尺寸照片预览的显示速度。

（1）最小（图 1-14）

"最小"选项不关心照片的渲染预览，它只是尽快地把照片放到 Lightroom 中。如果双击照片，放大到按屏幕大小的缩放视图状态，这时会立刻构建预览。这就是在这种较大尺寸、较高品质图像预览效果显示在屏幕上之前我们必须等待一会儿的原因。屏幕上会显示"载入"信息。如果放大到更大尺寸，达到 100% 视图（也称作 1∶1 视图），则需要等待更长时间（这时会再次显示"载入"信息）。这是因为在我们放大照片之前没有新建较高品质的预览。

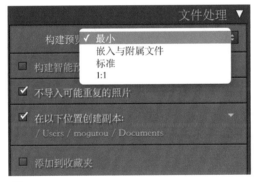

图 1-14

（2）嵌入与附属文件（图 1-15）

使用"嵌入与附属文件"这种方法可以读取导入时嵌入在文件中的低分辨率缩览图（与在相机 LCD 屏幕上看到的相同）。一旦加载之后，再载入较高分辨率的缩览图，也会保持较高品质的放大视图的效果，但预览仍然会保持一个小图的状态。

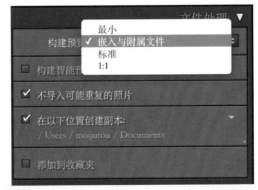

图 1-15

图 1-16

（3）标准（图 1-16）

"标准"预览会花费更长时间，因为它在导入低分辨率照片之后会立刻渲染较高分辨率预览。因此我们不必等待它渲染适合窗口大小的预览（如果在网格视图内双击一个预览，那么它会放大到适合窗口大小，而不用等待渲染）。然而，如果进一步放大到 1：1 或者更高比例视图，也将会得到同样的渲染信息。

（4）1·1（图 1 17）

"1：1"预览显示低分辨率缩略图，然后开始渲染最高品质预览。然而，它有两个缺点：一是速度太慢，基本上需要单击"导入"按钮，然后等待很长的时间。但我们可以放大任意照片，并且绝对不会看到正在渲染这一信息。二是这些高品质的大预览存储在 Lightroom 数据库中，因此数据库文件会变得巨大。最长 30 天后，Lightroom 会自动删除这些 1：1 的预览。如果连续 30 天没有查看某组特定的照片，你很可能不需要高分辨率预览，就可以进行删除。要在 Lightroom 中对此进行设置，请在"编辑"菜单（Mac："Lightroom"菜单）下选择"目录设置"，然后在弹出的对话框中单击"文件处理"选项卡，并选择何时删除（图 1-18）。

图 1-17

图 1-18

勾选位于"构建预览"下拉菜单下方的"不导入可能重复的照片"复选框，可以避免意外导入重复的照片（具有相同名称的文件，图 1-19）。勾选"在以下位置创建副本"复选框，可以实现在单独的硬盘上为所导入的照片创建备份副本。勾选该复选框之后，在其下方选择备份副本的存储位置（或者单击其右边朝下的箭头，选择最近使用过的位置）。这样一来，我们在计算机（或外接硬盘）上拥有一套照片，可以用它们来进行编辑，同时在独立硬盘上还拥有一套未被改变过的原始照片（数码负片）备份。

图 1-19

在导入时自动重命名照片则需要使用"文件重命名"面板。在给照片命名时，使用容易辨识的名称会比较有意义，尤其是在需要搜索它们的时候，例如可以在文件名后加数字序号。

单击"在导入时应用"面板中的"修改照片设置"下拉菜单按钮后可以看到 Lightroom 的内置预设列表（图 1-20）。选择其中任意一个，这种预设的效果就会在照片导入时应用到照片。例如，我们可以将导入的所有照片都加上某个复古胶片的预设，使照片看起来更有年代感。在"元数据"下拉菜单中我们可以把自己的个人版权信息、联系信息、使用权限、说明以及其他信息添加到导入的每幅照片内。要做到这一点，首先要把所有信息输入到模板（元数据模板）内。在保存模板后，它就会显示在"元数据"下拉菜单中（图 1-21）。模板可以不局限于一个（如用一个模板保存版权信息，用另一个模板保存所有联系信息等）。

"在导入时应用"面板底部的文本框用于输入关键字，如图 1-22 所示。Lightroom 在导入

图 1-20

图 1-21

图 1-22

图 1-23

照片时会把这些关键字直接添加到照片中。以后我们可以利用这些关键字中的任意一个搜索和查找照片。到了这个阶段，我们通常希望使用常见的关键字——可应用到每幅被导入的照片中。例如，对活动照片，我们可在"关键字"文本框内输入类似"户外""聚会""晴天""朋友"的通用关键字。每个搜索词或短语之间用一个顿号分隔。

位于导入窗口右下方的是"目标位置"面板。该面板能准确显示照片从存储卡上导入后的存储位置。该面板左上角有一个"+"按钮。单击该按钮后将展开一个下拉菜单。我们从中可以选择"新建文件夹"选项，在所选择的位置处新建一个新文件夹（可以单击任意一个文件夹跳转到那里）。也可选择菜单内的"仅受影响的文件夹"命令，以简化所选文件夹的路径视图（图 1-23 所示的是使用的路径视图，因为总是把照片存储在 Lightroom Photos 文件夹内。如果不想看到其他文件夹，可以隐藏）。

模块 5　　导入预设的应用

在 Lightroom 中进行导入照片的操作时，不需要重复进行相同的设置。我们可以在首次设置后，把这些设置转换为导入预设。预设能记住这些设置。我们可以选择预设，添加几个关键字，再为保存照片的子文件夹选择不同的名称。一旦创建了几个预设，就可以完全跳过全尺寸的导入窗口，使用其紧凑版本，从而节省时间，提高工作效率。

在这个例子中，我们要从存储卡中（存储卡已连接到计算机）导入照片并复制到 Pictures 文件夹下的子文件夹内，之后在外置硬盘上为这些照片新建一份备份。并且在导入照片时添加一些版权信息，选择"最小"渲染预览，以快速显示缩览图，如图 1-24 所示。

图 1-24

现在我们转到导入窗口的底部中间位置，从中看到一个细黑条。其最左端显示"导入预设"。在最右端的"无"上单击，从弹出的快捷菜单中选择"将当前设置存储为新预设"选项（图 1-25）。

图 1-25

单击导入窗口左下角的"显示更少"按钮（朝上的箭头），切换回紧凑视图（图 1-26）。这个较小窗口的优点是不用看到面板、网格等内容，因为我们已经把导入照片所需的大多数信息存储为预设，要做的只是从底部的下拉菜单内选择预设。这里选择"从移动硬盘导入预设"。随时单击左下角的"显示更多"按钮（朝下的箭头），就可以返回全尺寸窗口。

图 1-26

沿着最小导入窗口的上部我们可以看到照片来自哪里、执行什么操作及导入到哪里。这些步骤由箭头从左向右引导完成。（图 1-27）我们可以添加只属于这些照片的关键字（这就是在保存导入预设时保留该字段为空的原因）。在右侧我们可以给这些照片将要保存到的子文件夹命名。现在我们只需要输入几个关键字，为子文件夹命名，并单击"导入"按钮即可。

图 1-27

模块 6　　导入视频

　思　考

如今，伴随着 VLOG 和自媒体的盛行，视频的制作需求越来越大。很多相机都具有非常强大的视频功能。我们在拍摄照片的同时也拍摄了视频素材。在导出素材时，把视频和照片素材分开导出，会非常麻烦。而 Lightroom 具备了导入视频的功能，同时可以在收藏夹中对它们进行排序、添加评级、添加标签、选取标记等操作。

　实践操作

在导入窗口内，我们可以知道哪些文件是视频文件，因为视频文件缩览图的左下角有一个小摄像机图标（图 1-28 中红色圆圈处）。单击"导入"按钮后，这些视频剪辑将被导入 Lightroom 中，并与静态图像一起显示出来（如果不想看到这些导入的视频，可以取消勾选缩览图单元左上角的复选框）。

图 1-28

将视频文件导入 Lightroom 之后，网格视图内将不会再显示摄像机图标，但在其左下角可以看到剪辑的长度。选择视频后按空格键，或者单击时间戳，可以看到以较大的视图显示的第一帧画面（图 1-29）。

图 1-29

　　如果需要预览视频，只需在放大视图下单击视频下方的播放按钮（图 1-30，单击后按钮变成暂停按钮）。

图 1-30

模块 7　　创建自定文件命名模板

随着照片的增多，管理难度也进一步增加。如何把众多照片组织得井井有条是关键所在。现代数码相机通过存储卡保存拍摄的照片。一台相机往往搭配很多张存储卡，而相机内保存照片的名称往往会自动生成编号。在导入照片时，重要的是把照片重命名为唯一的名称。常用的方法是在重命名时把拍摄日期作为名称的一部分。我们可以创建自己的自定文件命名模板来提高效率。

具体操作步骤如下：

第 1 步：

单击"图库"模块窗口左下方的"导入"按钮（或使用组合键【Ctrl】+【Shift】+【I】，在导入窗口打开后，单击上部中间的"复制为 DNG"或者"复制"，"文件重命名"面板就会显示在右侧。在面板内，勾选"重命名文件"复选框，单击"模板"下拉菜单按钮后选择"编辑"（图 1-31），打开"文件名模板编辑器"（图 1-32）。

图 1-31

图 1-32

图 1-33

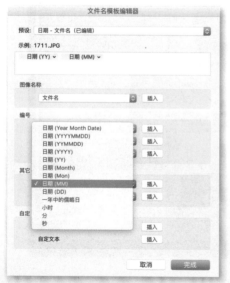

图 1-34

第 2 步：

单击图 1-32 所示对话框的上部"预设"后的按钮会弹出一个下拉菜单。我们从中可以选择任何一种内置的命名预设作为起点。例如，选择"日期－文件名"，其下方的字段将显示该信息：第一个记号代表自定文本，第二个记号代表序列编号。要删除这两个记号，只需单击选中之后按键盘上的【Backspace】键。如果想要从零开始，请删除这两个记号，从下方的下拉菜单内选择想要的选项，然后单击"插入"按钮将它们添加到该字段。

第 3 步：

图 1-33 所示为如何使用文件重命名方案新建适合自己的自定模板。先从添加年份开始（这有助于按名称排序时将文件名相同的照片排列到一起）。为了避免文件名太长，笔者建议只使用年份的后两位数字。因此，请转到该对话框的"其它"区域，打开第一个下拉菜单，选择"日期（YY）"。"日期（YY）"记号会显示在命名字段内。此时观察该字段的左上方，就会看到所新建的命名模板例子。

第 4 步：

在添加年份之后，我们还要添加月份。从同样的下拉菜单内选择，但这次选择的是"日期（MM）"，如图 1-34 所示（这两部分日期自动从拍摄时数码相机在照片内嵌入的元数据中提取）。如果选择"日期（Month)"，界面上将显示完整的月份名称。

文件命名有一个规则，就是字与字之间不能有空格。但是，所有字母都紧凑排列到一起，又不方便阅读。因此，在日期之后，我们将添加分隔符——下划线。要添加下划线，只需要在"日期（MM)"记号之后单击，然后按【Shift】键和连字符键。现在所做的与其他命名习惯有所不同：在日期之后，包含描述每幅照片的自定名称。一些人喜欢在这里包含相机所赋予的原始文件名。所以，要实现这一操作，请转到该对话框的"自定"区域，单击"自定文本"右边的"插入"按钮（图 1-35），在下划线之后添加自定文本记号（这让我们以后可以输入一个字的文字描述），然后添加另一条下划线。

我们转到"编号"区域，选择"导入编号（001）"（图 1-36），向文件名尾部添加三位自动编号，让 Lightroom 自动为照片按顺序编号。

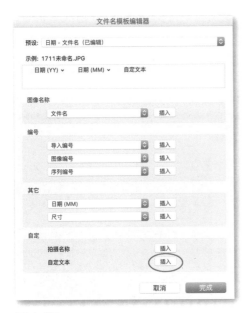

图 1-35

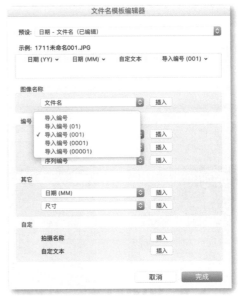

图 1-36

第 5 步：

在文件命名符合要求后，转到"预设"下拉菜单，选择将当前设置存储为新预设。在弹出的对话框内命名预设，输入一个描述性的名称（这样在下次想应用时就知道其执行的操作。笔者选择的名称是"年，月，输入名称，自动编号"），单击"创建"按钮，然后单击"文件名模板编辑器"对话框中的"完成"按钮。当转到导入照片对话框时，勾选"重命名文件"复选框，单击"模板"下拉菜单按钮，就会看到自定模板作为一种预设选项显示在下拉菜单中（图 1-37）。

图 1-37

19

第 6 步：

从"模板"下拉菜单中选择这个新命名模板之后，单击其下方的"自定文本"字段，输入描述性的名称（文字之间不能留空格）。这个自定文本将显示在两个下划线之间。输入之后，观察一下"文件重命名"面板底部的样本，就可以预览照片重命名样式。设置该对话框底部"在导入时应用"（图 1-38）和目标面板内的所有内容之后，就可以单击"导入"按钮。

图 1-38

模块 8　认识 DNG 文件格式的数码底片

如今每个相机制造商都拥有自己专用的 RAW 文件格式（如佳能公司的 CR2 文件、索尼公司的 ARW 文件、尼康公司的 NEF 文件等）。Adobe 公司为了统一数码负片的格式，制定了 DNG 文件标准。Lightroom 可以将导入的 RAW 格式照片转换成 DNG 格式照片。DNG 格式不是私有的，Adobe 公司让它成为一种开放格式，因此任何人都可以写入该规范。

实践操作

设置 DNG 首选项：

按【Ctrl】+【，】（Mac:【Command】+【，】）组合键打开 Lightroom 的"首选项"对话框，接着选择"文件处理"选项卡（图 1-39）。在上部的"DNG 导入选项"中我们可以看到在 DNC 转换时使用的一些设置。尽管可以嵌入原来专用的 RAW 文件，但是我们不这样做，因为这会增加文件大小，丧失了下面要讲到的"优点 1"。另外，在导入窗口上部中间我们可以选择"复制为 DNG"（图 1-40）。

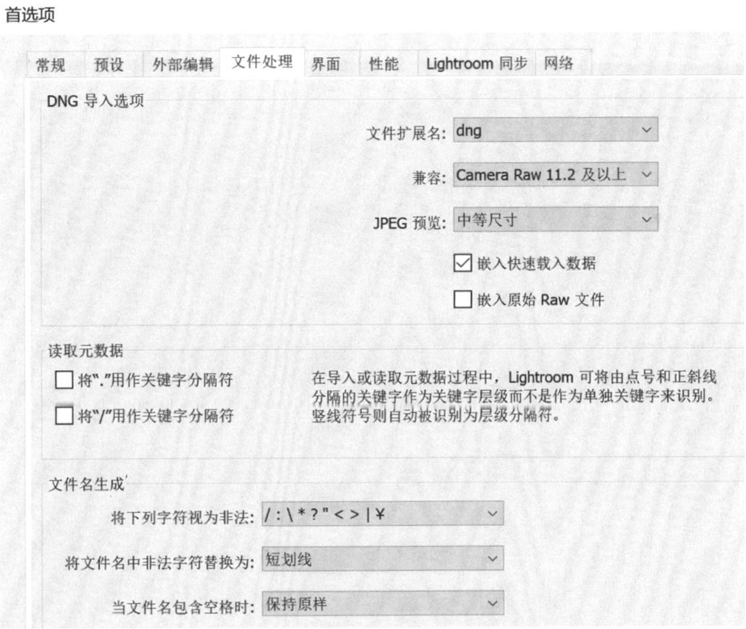

图 1-39

图 1-40

小贴士

DNG 格式文件具有以下优点：

优点 1：DNG 文件更小。RAW 文件的容量通常比较大，因此对硬盘空间的消耗非常快，但是把 RAW 文件转换成 DNG 文件后，通常可以把容量减小大约 20%。

优点 2：DNG 文件不需要单独的附属文件。编辑 RAW 文件时，元数据实际上保存在一个称为 XMP 附属文件的单独文件中。如果想向某人提供 RAW 文件，并想包含元数据和在 Lightroom 中所应用的更改，就必须提供两个文件——RAW 文件本身和 XMP 附属文件，因为 XMP 文件保存了元数据和编辑信息。但在使用 DNG 文件时，如果按【Ctrl】+【S】（Mac：【Command】+【S】）组合键，该信息就立即被嵌入 DNG 文件自身内。因此，在传递 DNG 文件之前，要记住：使用该快捷键前，要先把元数据写入文件内。

模块 9　　创建元数据（版权）

思考

我们在将照片导入 Lightroom 中的时候，可以轻松且自动地将自己的版权信息嵌入照片中。我们可以创建一个带有完整联系信息（包括个人联系方式）的模板来自我宣传和营销，也可以创建一个只带有基本信息的模板，或者创建一个只用于导出照片以发送给图库代理机构的模板，方便在多种场合使用。

实践操作

我们可以在导入窗口内创建元数据模板，此时请按【Ctrl】+【Shift】+【I】组合键，打开导入窗口，在"在导入时应用"面板的"元数据"下拉菜单内选择"新建"（图 1-41）。这时屏幕上出现一个空白的"新建元数据预设"对话框（图 1-42）。单击该对话框底部的"全部不选"按钮。这样在 Lightroom 内查看该元数据时就不会看到空白字段，只看到有数据的字段。

图 1-41

图 1-42

在"IPTC 版权信息"区域中，我们输入版权信息（图 1-43）。接下来转到"IPTC 拍摄者"区域，输入联系信息。如果前一步中添加的"版权信息 URL"内容（Web 地址）中包含了足够的联系信息，则可以跳过填写"IPTC 拍摄者"这一步。将需要嵌入照片内的所有元数据信息全部输入完之后，请转到该对话框的上部命名预设，如"Happy Hour"，之后单击"创建"按钮。

图 1-43

创建一个元数据模板十分简单，删除也不困难。回到"在导入时应用"面板，从"元数据"下拉菜单内选择"编辑预设"，打开"编辑元数据预设"对话框。从上面的"预设"下拉菜单内我们可选择想要删除的预设。当所有元数据显示在该对话框内时，再次回到"预设"下拉菜单，选择删除相应预设（图 1-44 所示为"删除预设'Happy Hour'"）。此时屏幕上会弹出一个警告对话框，询问是否确认删除该预设。

图 1-44

模块 10　　查看导入的照片

思　考

在开始排序和挑选照片之前，我们需要学习在 Lightroom 中怎样查看导入的照片。这个工作流程很重要。

实践操作

导入的照片在中央预览区域内显示为缩览图（图1-45）。使用工具栏（显示在中央预览区域正下方的深灰色水平栏）内的"缩览图"滑块可以改变这些缩览图的大小。向右拖动滑块，缩览图会变大；向左拖动滑块，缩览图会变小。

要以更大尺寸查看任意一个缩览图，只需在对应的图上单击，或者按空格键。这种较大尺寸的视图被称作放大视图。在默认情况下，照片按照预览区域的大小进行放大，我们能看到整幅照片。这种视图模式被称作适合窗口视图（图1-46）。如果想把照片进一步放大，那么可以转到左上角的"导航器"面板，单击选择不同的尺寸。例如：选择"填满"，然后双击缩览图，就会把照片放大到填满整个预览区域；选择"1∶1"后再双击缩览图，则会把照片放大到100%实际尺寸视图。但是照片不适合从微小的缩览图放大到很大的尺寸。

将"导航器"面板设置为"适合"，双击缩览图时就可以在中间预览区域看到整幅照片。但是，如果仔细观察锐度，会发现在放大视

图 1-45

图 1-46

图下，光标已经变为放大镜（图1-47）。如果在照片上再次单击，则单击区域会变为1：2的视图。要缩小回来，再次单击即可。要回到缩览图视图（称作网格视图），只需按键盘上的【G】键。

图 1-47

缩览图周围的区域称作单元格。每个单元格都会显示照片的相关信息［图1-48（a）］，如文件名、文件格式、文件大小等。这里介绍快捷键【J】。每按一次快捷键【J】，就会在不同的单元格视图之间轮流切换。每种视图显示不同的信息组。扩展单元格显示大量的信息，紧凑单元格［图1-48（b）］只显示少量的信息，最后一种视图则完全隐藏所有杂乱的信息，并对每个单元格进行编号［图1-48(c)］。此外，按【T】键可以隐藏（或显示）中间预览区域下方的深灰色工具栏。

默认单元格视图称作扩展单元格，它显示的信息最多
（a）

按字母键【J】切换至紧凑视图，可以缩小单元格尺寸，
隐藏所有信息，只显示照片
（b）

再次按字母键【J】，将对每个单元格进行编号
（c）

图 1-48

模块 11　变化背景光和其他视图模式

思考

Lightroom 受欢迎的地方之一是它可以把照片显示为焦点。使用【Shift】+【Tab】组合键可以隐藏所有的面板。在隐藏这些面板之后，我们还可以使照片周围的所有内容变暗，或者完全"关闭灯光"，让照片之外的一切都变为黑色。下面介绍其实现方法。

实践操作

按键盘上的【L】键，进入背景光变暗模式。在这种模式下，中间预览区域内照片之外的所有内容全变暗（图 1-49）。这种变暗模式最好的一点就是面板区域、任务栏和胶片显示窗格都能进行正常操作，用户仍可以调整、修改照片等。

图 1-49

下一个视图模式是关闭背景光（再次按【L】键进入关闭背景光模式）。这种模式使照片真正成为展示的焦点，因为其他所有内容都完全变为黑色（要回到常规打开背景光模式，再次按【L】键即可）。要让照片在屏幕上用尽可能大的尺寸显示，在进入关闭背景光模式之前，可按【Shift】+【Tab】键隐藏两侧、上部和底部的所有面板。这样就可以看到图 1-50 所示的大图像视图了。

图 1-50

小贴士

若想对关闭背景光模式进行调整，可在"首选项"对话框中，选择"界面"选项卡（图1-51），然后根据需要对"屏幕颜色""变暗级别"等进行设置。

如果想在 Lightroom 窗口内观察照片网格，而不看到其他杂乱对象，可按两次键盘上的【F】键。第一次按【F】键使 Lightroom 窗口填满屏幕，隐藏该窗口的标题栏（位于 Lightroom 界面内任务栏的正上方）；第二次按【F】键实际上隐藏屏幕窗口上部的菜单栏。配合【Shift】+【Tab】组合键，将隐藏面板、任务栏和胶片显示窗格。按【T】键将隐藏工具栏（如果过滤器栏显示，可按反斜线号键隐藏）。这样在从上到下灰色背景上将只显示照片。按【Ctrl】+【Shift】+【F】（Mac：【Command】+【Shift】+【F】）组合键后再按【T】键可以简单快捷地跳转到这一整洁、规整的视图状态。要回到常规视图，请使用相同的快捷键。图1-52（a）所示是灰色版面，而按两次【L】键将进入关闭背景光模式［图1-52（b）］。

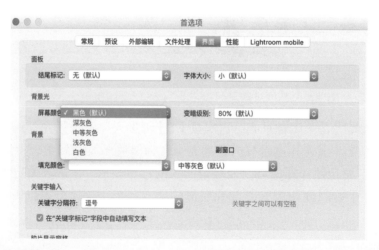

图 1-51

（a）

（b）

图 1-52

模块 12　　调整网格叠加

在 Lightroom 中，Adobe 公司加入了可移动并且不会被打印出来的参考线（类似 Photoshop 的参考线），还增加了尺寸可调整并且不会被打印出来的网格(有助于对齐,或调整照片的某一部分)。

若想让参考线可见，请前往"视图"菜单，在"放大叠加"下选择"参考线"。此时，两条白线将会出现在屏幕中央（图1-53）。若想移动水平线或者垂直线，请按住【Ctrl】（Mac：【Command】）键，然后将光标移动到任意一条线上，此时光标将会变成双向箭头。只需拖动参考线到期望的位置即可。若想一起移动两条线，则按住【Ctrl】（Mac：【Command】）键，然后直接在两条线交汇处的黑圆圈上单击并拖动。若想清除参考线，请按【Ctrl】+【Alt】+【O】（Mac：【Command】+【Option】+【O】）组合键。

图 1-53

调整网格的操作方法与参考线的操作方法相似。进入"视图"菜单，在"放大叠加"下选择"网格"。这将在照片上添加不会打印出来的网格（图1-54）。如果按住【Ctrl】（Mac：【Command】）键，屏幕上方会出现一个控制条。在"不透明度"上单击并左右拖动可修改网格的可见度（在本例中，将"不透明度"提升为50%，此时线条是半透明的）。

在"大小"上单击并左右拖动可修改网格方块的大小，向左拖动使方块变小，向右拖动使其变大。如果想清除网格，按【Ctrl】+【Alt】+【O】（Mac：【Command】+【Option】+【O】）组合键即可。

图 1-54

　　注意：Lightroom 允许同时拥有多个叠加，所以可以同时使参考线和网格可见。

第二章

Lightroom

数码照片的组织

模块 1　照片的存储管理

导入照片时，必须选择在硬盘中的哪个文件夹下存储。因此，这里简要介绍一下文件夹，并用一个例子说明怎样使用它。

退出 Lightroom 后查看计算机上的照片文件夹，就会看到其包含实际照片文件的所有子文件夹（图 2-1）。在文件夹间移动照片、添加照片或者删除照片等操作可在 Lightroom 的"文件夹"面板内完成。

图 2-1

转到"图库"模块，"文件夹"面板位于左侧区域（图 2-2）。从这里所看到的是导入 Lightroom 的所有照片文件夹（这些文件夹并不位于 Lightroom 自身内。Lightroom 只是管理这些照片文件夹）。

图 2-2

每个文件夹名称左侧都有一个小三角形。如果小三角形为纯灰色，则文件夹内含子文件夹。在该小三角形上单击即可查看子文件夹（图2-3）。如果小三角形不是纯灰色，则文件夹内不包含子文件夹。

单击任意一个文件夹即可显示已导入 Lightroom 中的该文件夹内的照片。若要将照片从一个文件夹移动到另一个文件夹内，可单击缩览图，并将照片拖放到另一个文件夹内（图2-4）。若移动的是真正的文件，Lightroom 会弹出移动文件的警告对话框（图2-5）。

图 2-3

图 2-4

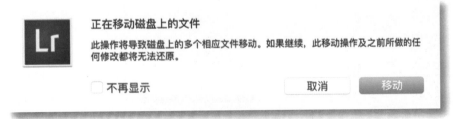

图 2-5

"文件夹"面板内的文件夹图标变成灰色，说明 Lightroom 无法找到该文件夹（可能是因为把该文件夹移动到了计算机上的某个位置，或者是存储到了外接硬盘上，而该硬盘没有连接到计算机上）。如果该文件夹存储在外接硬盘上，只要重新连接外接硬盘，系统就能清楚地显示该文

图 2-6

件夹。如果该文件夹是被移动到了计算机上的某个位置，我们可以在该文件夹上单击鼠标右键，从弹出的菜单中选择"查找丢失的文件夹"（图 2-6），在弹出的对话框内选择让 Lightroom 到哪里查找被移动的文件夹。单击被移动的文件夹后可重新连接其中的所有照片。

提 示 　移动多个文件夹操作

在 Lightroom CC 中，可以按住【Ctrl】（Mac：【Command】）键并单击选中多个文件夹，一次性进行拖动。这样会节省更多时间。值得注意的是，在 Lightroom 早期版本中，用户一次只能移动一个文件夹。

"文件夹"面板内还有一项特殊的功能会经常用到，即在导入照片后向计算机上的文件夹添加照片。例如导入一些到土耳其旅游的照片之后需要再次导入相关的照片，如果把第二次导入的照片拖放到计算机上"Turkey 2016"文件夹内，Lightroom 不会自动吸纳它们。此时，我们可转到"文件夹"面板，用鼠标右键单击"Turkey 2016"文件夹，选择"同步文件夹"，Lightroom 就会更新文件夹内容（图 2-7）。

图 2-7

单击"同步文件夹"选项后将会打开"同步文件夹"对话框。将新照片拖放到选定的同步文件夹中，这时可以看到 Lightroom 准备导入这些新照片（图 2-8）。其中，勾选"导入前显示导入对话框"复选框可以让 Lightroom 在导入这些照片之前打开标准导入窗口，以添加版权信息和元数据之类的信息。或者我们也可以单击"同步"按钮，只把这些照片导入 Lightroom，在它们被导入后再添加版权信息和元数据之类的信息。

Lr 同步可让 Lightroom 目录包含在其它应用程序中对照片所做的最新修改，以保持最新。

☑ 导入新照片（19 张）
　☑ 导入前显示导入对话框
☐ 从目录中移去丢失的照片（0 张）
　☐ 还从"发布服务"中删除丢失的照片
☑ 扫描元数据更新

| 显示丢失的照片 | 同步 | 取消 |

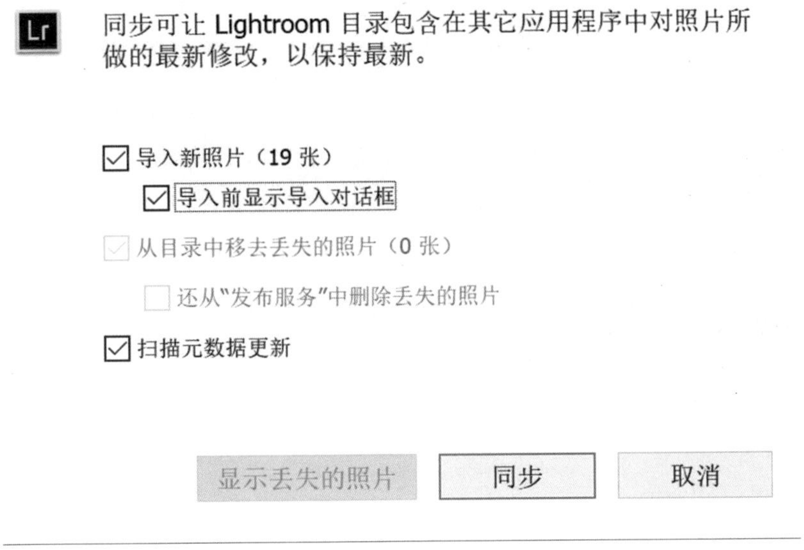

图 2-8

小贴士

用鼠标右键单击"文件夹"，弹出菜单后，可以选择执行其他操作，如重命名文件夹、创建子文件夹等。菜单中还有一个"移去"选项。在 Lightroom 内选择"移去"只是把该照片文件夹从 Lightroom 中移去，而该文件夹（及其内的照片）仍然位于计算机中的相应位置。

模块 2　巧用收藏夹功能

给照片排序可能是照片编辑过程中最有趣的事情之一，但也可能是最让人产生挫折感的事情之一。这取决于你是怎样着手进行这项工作的。我们可以从拍摄的照片中找出留用的照片，向别人展示这些照片，或者把它们添加到作品集中或打印。这里介绍利用收藏夹对照片进行分类和管理的方法。

具体操作步骤如下：

第 1 步：设置星级和标记

我们想从拍摄的照片中找出最好的照片，同样也想找出最差的照片。Lightroom 提供了三种方法来给照片评级（或者说排序），最常用的一种是使用从 1 星到 5 星的评级系统。要用星级来标记一幅照片，只需在其上单击并输入键盘上的数字即可。（图 2-9）要改变一个星级，键入一个新的数字即可。要完全移除它，请按数字键【0】。标记 5 星级照片以后，就可以使用过滤器只显示 5 星级照片了。同样地，我们也可以使用过滤器只查看 4 星级、3 星级照片等。除了星级之外，我们还可以用颜色标签，例如可以用红色标签标记最差的照片，用黄色标签标记稍好些的照片，等等。或者可以组合使用星级和颜色标签，如用绿色标签标记 3 星级照片（图 2-10）。

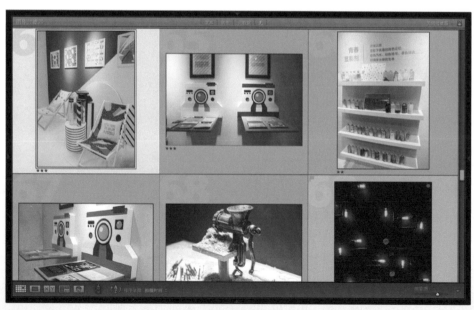

图 2-9

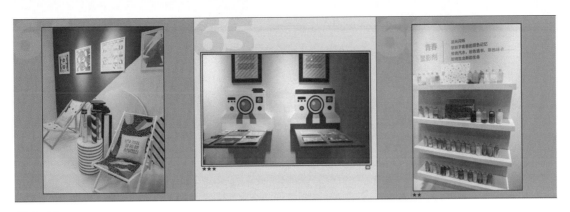

图 2-10

虽然前面提到了星级分级和标签，但是这些方法太慢。因为我们真正关心的是最好的（5 星级，图 2-11）和最坏的（1 星级）照片，其余照片将被我们忽略。我们可以尝试使用旗标，将最好的照片标记为留用，将非常差的照片标记为排除。将照片标记好以后，Lightroom 将删除被排除的照片。要将一幅照片标记为留用，只需按【P】键即可。要将照片标记为排除，请按【X】键。屏幕上将显示一条消息，告诉我们为照片指派了哪一种旗标，并且照片的单元格中将出现一个小旗标图标。白色标记表明它被标记为留用（图 2-12），黑色标记则表明它被标记为排除。

图 2-11

照片被导入 Lightroom 后，就会显示在"图库"模块的网格视图中。双击第一张照片跳转到放大视图，这样可以看得更加清楚（图 2-13）。

图 2-12

观察照片，如果认为是拍摄得较好的照片之一，则按【P】键把它标记为留用。如果认为照

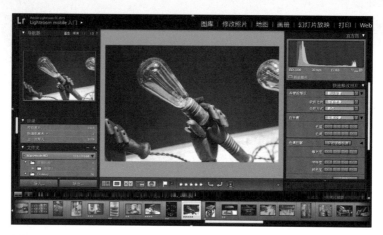

图 2-13

片太差，想要删除它，那么就按字母键【X】。如果认为照片一般，那就按键盘上的右箭头键转到下一幅照片。如果标记错了一幅照片，那么只需按【U】键来取消标记。如果想更快一些，则可以按快捷键【Shift】+【P】来将照片标记为留用，并打开下一幅照片。

标记好"留用"和"排除"的旗标之后，就可以清除那些要排除的照片，将它们从硬盘中删除。

图 2-14

转到"照片"菜单，从中选择"删除排除的照片"。屏幕上将只显示已标记为排除的照片，并弹出一个对话框询问是想要从磁盘中删除它们，还是只从 Lightroom 中移去它们（图 2-14）。我们通常选择从磁盘中删除。

注意：因为我们只是把照片导入 Lightroom，它们还没位于收藏夹内，因此屏幕上会显示"从磁盘删除"这个选项。一旦照片位于收藏夹内，这样做就只是从收藏夹删除照片，而不是从磁盘删除。

想只查看留用的照片，请单击中央预览区域顶部"图库过滤器"栏内的"属性"（如果未看到它，则请按键盘上的【\】键），在下面弹出属性栏。单击白色留用旗标（图 2-15 中红色圆圈处），就只有留用照片是可见的。

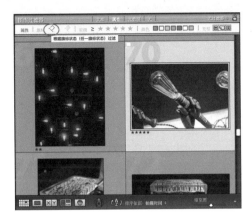

图 2-15

小贴士

从胶片显示窗格右上方还可以选择只查看有留用旗标的照片、有排除旗标的照片或者没有旗标的照片。

第 2 步：用收藏夹进行分类和管理

接下来，我们要将这些留用照片放置到收藏夹中。收藏夹是我们所使用的关键的组织工具。它不仅仅用于分类阶段，而且贯穿于整个 Lightroom 的工作流程。我们可以把收藏夹看成由最喜爱的照片

组成的相册。把留用照片放入对应的收藏夹中以后，任何时候只需单击一次就可以进入这个留用照片收藏夹中。要把留用照片放入收藏夹，可先按【Ctrl】+【A】（Mac：【Command】+【A】）组合键选择所有当前可见的照片（留用照片），之后转到"收藏夹"面板（位于左侧面板区域），单击该面板名称右侧的"+"按钮，在弹出的下拉菜单中选择"创建收藏夹"（图 2-16）。

图 2-16

打开"创建收藏夹"对话框（图 2-17），为这个收藏夹输入一个名称，例如"摄影"。在名称的下面我们可以将它指派给一个收藏夹集（请勿勾选该复选框）。在"选项"区域，要让此收藏夹包含上述所选择的（留用）照片。因为先做出了选择，所以这个复选框已经打开了。保留"新建虚拟副本"复选框为未勾选状态，然后单击"创建"按钮。

图 2-17

现在所得到的收藏夹中只包含了这次拍摄的留用照片。若想看这些留用照片，只需转到"收藏夹"面板，单击名为"摄影"的收藏夹即可（图 2-18）。我们可以从收藏夹中删除照片，而且不会影响实际照片（照片仍位于计算机的相应文件夹中，除了在创建这个收藏夹之前所删除的排除照片外）。

我们将只对收藏夹中的照片（图 2-19）进行操作。在收藏夹内，有一些照片非常突出。我们想把这些照片发送给朋友、打印或添加到作品集中，就需要进一步做排序处理，从这组留用照片中选出最好的照片。

在这一阶段，有几种方法可缩小查看照片范围。第一种方法即标记留用旗标。我们可以在收藏夹中重复前面讲到的操作步骤。首先要移去已经存在的留用旗标（在 Lightroom 早期版本中，在收藏夹中添加新照片时，软件会自动移去旗标。在 Lightroom CC 中，已经标记的旗标会被保留）。按【Ctrl】+【A】（Mac:【Command】+【A】）组合键以选中收藏夹中的全部照片，然后按【U】键移去所有旗标。第二种方法是使用筛选视图。在有大量十分相似的照片（例如许多同一姿势的照片）

图 2-18

图 2-19

时，常使用这种视图来找出最佳照片。若要进入筛选视图（图 2-20），则要先选择相似的照片 [单击一幅照片，然后按住【Ctrl】（Mac：【Command】）键并保持，再单击其他照片]。之后，按【N】键跳转到筛选视图。它会把所有选中的照片并排放置在屏幕上（图 2-21），这样便可以很轻松地比较照片。当进入这种筛选视图时，可按【Shift】+【Tab】组合键隐藏所有面板，在屏幕上以尽可能大的尺寸显示照片。

图 2-20

图 2-21

提　示　　尝试关闭背景光模式

筛选视图适合使用关闭背景光模式。这种模式使照片之外的所有内容全变为黑色。按两次键盘上的【L】键即可进入关闭背景光模式。要退出关闭背景光模式，返回到正常视图，再次按【L】键即可。

图 2-22

当所有的照片已显示在筛选视图中时，我们就可以开始进行移去处理了。先选中这批照片中最差的照片并将其删除，直到只留下这组照片中最好的几幅照片为止。将光标移动到要移去的照片上，单击照片右下角的小"×"（图 2-22），此照片就会从视图中消失（不会将照片从收藏夹中移去，只是隐藏照片，帮助做移去处理）。移去一幅照片时，其他照片会自动重新调整大小，以填满空出来的空间。

提 示 改变筛选顺序

在筛选视图下，只要将照片拖放到想要的位置，就可以改变照片在屏幕上所显示的顺序。

挑选出想要保留的那些照片，按【G】键回到缩览图网格视图，将会自动选中留在屏幕上的这些照片。按【P】键把这些照片标记为留用照片，然后按【Ctrl】+【D】（Mac：【Command】+【D】）组合键取消选择这些照片，继续选择另一组相似的照片，再按【N】键转到筛选视图，对这组照片做排除处理。我们可以根据需要多次执行该操作，直到从每组相似照片中获得最佳照片，并将它们标记为留用照片为止（图 2-23）。

注意：在第一次为具有留用旗标的照片创建收藏夹时，应选中所有照片，按【U】键移去旗标。

图 2-23

提 示

在筛选视图下删除选中的照片可按【/】键。

遍历照片，标记出留用照片收藏夹中的最佳照片，将这些照片放入单独的收藏夹中。单击"图库过滤器"栏中的"属性"，当属性栏弹出时，单击白色留用旗标，以便只显示收藏夹中的留用照片（图2-24）。

图 2-24

按【Ctrl】+【A】（Mac:【Command】+【A】）组合键选择屏幕上显示的所有留用照片，按【Ctrl】+【N】（Mac:【Command】+【N】）组合键打开"创建收藏夹"对话框（图2-25），为收藏夹命名，例如"摄影Selects"。收藏夹将按照字母顺序列出。如果用相同的名称作开头，那么这些收藏夹最终会排列在一起，从而会使下一步操作更为轻松。此外，如果需要，可以随时在"收藏夹"面板下用鼠标右键单击该收藏夹，在弹出的菜单中选择改变名称。

图 2-25

图 2-26

现有两个收藏夹，一个包含这次拍摄的保留照片（"摄影"收藏夹），另一个（"摄影 Selects"收藏夹）则只包含这次拍摄的最佳照片。观察"收藏夹"面板就会发现，保留照片收藏夹（"摄影"收藏夹）的正下方就是"摄影 Selects"收藏夹（图 2-26）。

注意：关于缩小照片范围，还有一种方法需要介绍，那就是使用收藏夹集。收藏夹集方便管理同一次拍摄所产生的多个收藏夹，就像这里所创建的"摄影"收藏夹和"摄影 Selects"收藏夹。

第 3 步：找出最佳照片

若需要从一次拍摄中找出单幅最佳照片，可以使用比较视图。其存在的目的就是让我们遍历照片，找出单幅最佳照片。选择"摄影 Selects"收藏夹内的前两幅照片［单击第一幅照片，按【Ctrl】（Mac：【Command】）键并单击第二幅照片，这样两幅照片都被选中］。按【C】键进入比较视图，把两幅照片并排显示（图 2-27），再按【Shift】+【Tab】组合键隐藏面板，使照片变得尽可能大。还可以进入关闭背景光模式（按两次【L】键）。

图 2-27

观察图 2-28 所示的两张照片，判断右边的照片是否比左边的更好。如果不是，请按键盘上的右箭头键，这时收藏夹中的下一幅照片将显示在右边，继续与左边的照片进行对比。如果右边的新照片看起来比左边的照片更好，那么单击选择按钮（包含单个箭头的"XY"按钮，它位于中央预览区域下方工具栏的右边，如图 2-29 中的红色圆圈处所示），使得候选照片变为选择照片（移动到左边）。

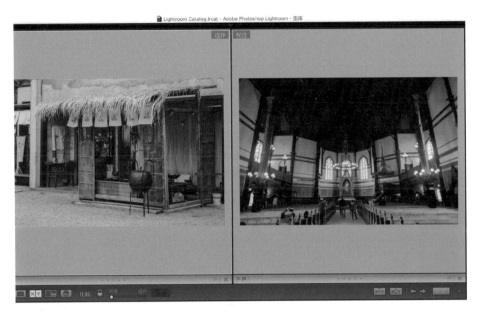

图 2-28

图 2-29

　　总结比较过程：选中两张照片，按【C】键进入比较视图，观察右边的照片是否比左边好。如果不是，则按键盘上的右箭头键；如果是，则单击选择按钮，并继续此过程。完成以后，单击工具栏右边的"完成"按钮即可。

小贴士

　　在比较视图中我们总是使用键盘上的箭头键，也可以使用工具栏内的选择上一张照片和选择下一张照片按钮。位于选择按钮左边的是互换按钮，用于互换两幅照片（使候选照片变成选择照片，反之亦然）。

选用三种视图模式的一般情况分别是：在挑选留用照片时，主要使用放大视图；在比较大量类似姿势或场景的照片时，使用筛选视图；试图找出单幅最佳照片时，使用比较视图。

关于比较视图，这里介绍最后一点：确定这次拍摄的最佳照片后（该照片应该是遍历过收藏夹内的所有照片后位于左边的照片），只需按下键盘上的数字键【6】，就能将这幅照片标记为"获胜者"——分配红色标签（图2-30）。

图 2-30

想要从这次拍摄的照片中找出单幅最佳照片，可转到"图库"模块的网格视图，在"图库过滤器"栏中单击"属性"，在下面的属性栏中单击红色标签。此时，屏幕上将显示这幅最佳照片（图2-31）。

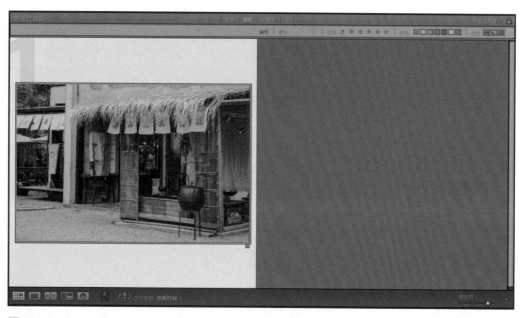

图 2-31

模块 3　同类照片的组织

思考

如果在某次旅行中每天都外出拍摄，把每天拍摄的所有照片导入 Lightroom，按照不同的景点建立收藏夹并命名，就会得到很多收藏夹。虽然这样操作便于照片的管理和检索，但因为 Lightroom 会自动按字母顺序排列收藏夹，所有这些相关的收藏夹将会分散到收藏夹列表中的各个位置。为了让同类照片组织更合理，我们会运用到 Lightroom 中的收藏夹集功能。

实践操作

单击"收藏夹"面板标题右边的"+"按钮，在弹出的下拉菜单中选择"创建收藏夹集"（图2-32）。打开"创建收藏夹集"对话框后，可以为这个新的收藏夹集命名。在这个例子中，我们打算用它来整理 2021 年在南京旅行时拍摄的所有照片，因此将它命名为"南京2021"，然后单击"创建"按钮（图2-33）。这个空收藏夹集显示在"收藏夹"面板中。为摄影照片创建新的收藏夹时，请按住【Ctrl】（Mac：【Command】）键并单击选中希望添加到收藏夹中的照片，然后单击"+"按钮，在下拉菜单中选择"创建收藏夹"。在弹出的"创建收藏夹"对话框中为这个新收藏夹命名，勾选"在收藏夹集内部"复选框，输入收藏夹的名称"朝天宫"，并单击"创建"按钮（图2-34）。按照同样的方法，我们建立"园博园""六朝博物馆""大报恩寺"收藏夹，将相关照片放入对应的收藏夹。

图 2-32

图 2-33

图 2-34

图 2-35

图 2-36

仔细观察"收藏夹"面板就会发现，添加到"南京 2021"收藏夹集中的收藏夹直接显示在它的下方（图 2-35）。像这样把所有照片组织在一个标题下是很有意义的。将同类型照片的各个收藏夹归入收藏夹集中（也可以将现有的收藏夹拖放进某个收藏夹集），就将收藏夹列表缩短了很多，也便于查看。（图 2-36）

我们还可以在一个收藏夹集内新建另一个收藏夹集。在弹出的"创建收藏夹集"对话框中，勾选"在收藏夹集内部"复选框，这样就可以将新建的收藏夹集放入现有收藏夹集中。现有一个名为"旅行集锦"的收藏夹集（图 2-37），可以存放包括之前创建的"南京 2021"收藏夹集在内的多个与旅行相关的收藏夹集，记录旅行生活中最精彩的照片。

图 2-37

模块 4　　智能收藏夹的使用

思考

想创建一个收藏夹把过去三年在特定场景中拍摄的家人的星级照片放到一起，可以搜索所有收藏夹，或用智能收藏夹找出这些照片，并自动放到一个收藏夹内。在智能收藏夹内，用户只需选择好条件，Lightroom 便会执行这项搜集工作并完成。更棒的是，智能收藏夹还可以实时更新，比如用户创建了一个智能收藏夹，条件为只有红色标签照片，那么无论什么时候，只要将照片标记为红色标签，Lightroom 就会自动将这张照片添加到该智能收藏夹中。

实践操作

具体操作步骤如下：

第1步：

要理解智能收藏夹强大的功能，需要先创建一个智能收藏夹。假定我们需要收集 3 年内在杭州和南京为孩子拍摄的星级照片。在"收藏夹"面板内，单击该面板标题右边的"+"按钮，在弹出的菜单中选择"创建智能收藏夹"，打开"编辑智能收藏夹"对话框。在顶部的名称字段内为该智能收藏夹命名，本例为之命名"宸宝旅行照"。从"匹配"下拉菜单内选择"全部"。在"下列规则"下方的第一个下拉菜单中选择"其他元数据"内的二级选项"关键字"（笔者为照片命名时习惯在元数据中以人物姓名为关键字之一。如果你的命名习惯是将姓名加入图片文件名中，也可以在匹配条件下拉菜单中选择"文件名"），在"包含"选项右边的文本框中输入孩子姓名中的一个字（如"宸"）。若只想在该收藏夹中包含最近拍摄的作品，请单击文本框右侧的"+"按钮，创建另一组条件。从下拉菜单中选择"拍摄日期"，从左边数第二个下拉菜单中选择"最近"，在下一个文本框中输入天数。本例输入"1100"。1 100 天差不多是 3 年。（图 2-38）

编辑智能收藏夹					□ ✕
智能收藏夹：	宸宝旅行照				
匹配 全部 ∨ 下列规则：					
关键字 ∨	包含 ∨	宸			- +
拍摄日期 ∨	最近 ∨	1100	天 ∨		- +

图 2-38

第 2 步：

通过上一步，智能收藏夹自动筛选出了 278 张符合条件的照片。现在我们还需要缩小范围，选出在杭州和南京拍摄的照片。按住【Alt】（Mac：【Option】）键，此时 "+" 按钮变成 "#" 按钮。单击最后一行条件尾部的 "#" 按钮，将看到另一组筛选条件选项。将第一个下拉菜单选为 "下列任一项符合"，在下方第一个下拉菜单中选择 "源" 菜单下的 "收藏夹"，在其右边下拉菜单中选择 "包含"，在右边的文本框中输入 "杭州"。现在创建的这个智能收藏夹收集了 Lightroom 中 "杭州" 收藏夹的所有照片。用同样的方式再添加一行，输入 "南京"，就可以达到筛选的目的了。（图 2-39）

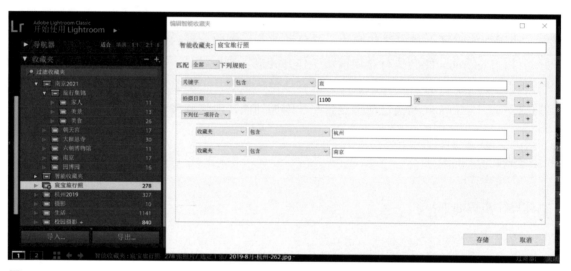

图 2-39

第 3 步：

我们继续设定条件，选出其中比较精彩的照片。这时我们可以继续编辑智能收藏夹，添加另一个条件。在之前设置的 "拍摄日期" 条件最后单击 "+" 按钮，将条件设置为星级，在第二个字段中选择 "大于等于" 并在后方设置 3 颗星。（图 2-40）值得提醒的是，我们在导入照片时可以按数字键对照片进行 1—5 星的评级。这是一个好方法，也便于后期进行照片的精选。

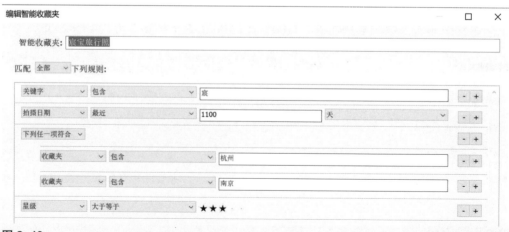

图 2-40

第 4 步：

　　所有筛选条件都设置好之后，我们就可以单击"存储"按钮进行创建了。被创建的智能收藏夹会将所有满足这些条件的文件收集、整合，并会不断更新，而且拍摄时间超过 1 100 天的旧照片会自动被移去。最终我们筛选出了近 3 年来在杭州和南京旅行时为孩子拍摄的最精彩的旅行照片。这一组照片仅有 21 张（图 2-41）。在收藏夹内的现有智能收藏夹上双击会弹出"编辑智能收藏夹"对话框，可在其中对条件进行设置以满足更多的需求。

图 2-41

模块 5　　快捷收藏夹的使用

　　创建收藏夹是一种把照片组织到独立相册的更长久的方法（这里所说的长久，是指数月后重新启动 Lightroom 时，收藏夹仍然存在）。有时我们可能只想临时对照片分组，而不想长期保存这些分组，那么快捷收藏夹就派上用场了。

　　在很多情况下我们可能想要使用临时收藏夹。快捷收藏夹大多数是在需要快速组成一组幻灯片的情况下，特别是在需要使用来自不同收藏夹的照片时使用。例如，朋友想看拍摄的博物馆展品的照片，我们就可以打开一个收藏夹，找出最近拍摄的博物馆展品照片，然后双击，在放大视图中查看它们。看到一幅想放到幻灯片中的照片时，按字母键【B】将它添加到快捷收藏夹（如图 2-42 所示，屏幕上会显示出一条消息，提示照片已被添加到快捷收藏夹）。转到另一个包

图 2-42

含博物馆展品照片的收藏夹，并进行同样的操作。用类似的方法，我们很快就可以浏览完多个收藏夹，同时标记出那些我们想用于幻灯片放映的照片［在网格视图中，当把光标移动到缩览图上时，每个缩览图的右上角会显示出一个小圆圈。单击它（它会变为灰色）也可以把照片添加到快捷收藏夹中。要隐藏该灰点，请按【Ctrl】+【J】（Mac：【Command】+【J】）组合键，单击"图库视图选项"对话框顶部的"网格视图"选项卡，之后取消勾选"快捷收藏夹标记"复选框，如图2-43所示］。

要想查看放到快捷收藏夹内的照片，可转到"目录"面板（位于左侧面板区域内），单击"快捷收藏夹"（图2-44）。要想把照片从快捷收藏夹中删除，只要单击照片，再按键盘上的【Backspace】（Mac：【Delete】）键即可（不会删除原始照片，只是把它从这个临时快捷收藏夹中移去）。

图 2-43

图 2-44

把所需照片都放入快捷收藏夹后，可以按【Ctrl】+【Enter】（Mac:【Command】+【Return】）组合键启动 Lightroom 的即兴幻灯片放映功能。它使用 Lightroom "幻灯片放映" 模块中的当前设置，全屏放映快捷收藏夹中的照片（图 2-45）。要停止幻灯片放映，只需按【Esc】键即可。

图 2-45

提 示　保存快捷收藏夹

转到 "目录" 面板，用鼠标右键单击 "快捷收藏夹"，从弹出的菜单中选择 "存储快捷收藏夹"，这时将弹出一个对话框，在此可以给新收藏夹命名。

模块 6　　使用目标收藏夹

思 考

前面讨论了如何建立快捷收藏夹将照片临时组织在一起，以制作即兴幻灯片。Lightroom 还有更有用的一项功能，就是用一个目标收藏夹来替代快捷收藏夹。我们可以使用相同的键盘快捷键，但是并不将照片发送到快捷收藏夹，而是进入一个已经存在的收藏夹。

实践操作

假设有许多看展的照片，现要将所有喜欢的看展照片放入一个收藏夹中。我们可创建一个全新的收藏夹，将其命名为"摄影"。待该收藏夹出现在面板中后，用鼠标右键单击它，从弹出的菜单中选择"设为目标收藏夹"（图2-46）。这时，该收藏夹名称末端将出现一个"+"标志。

图 2-46

创建目标收藏夹后，只需要在任意照片上单击，然后按键盘上的字母键【B】，照片就会被添加到"摄影"目标收藏夹。这时屏幕上会出现"添加到目标收藏夹'摄影'"的确认信息（图2-47），表示已经添加完毕。但这并没有将照片从展览活动收藏夹中移去，只是将它们同时添加到"摄影"目标收藏夹中。

图 2-47

单击"摄影"目标收藏夹，即可看到所挑选的最终照片（图 2-48）。

图 2-48

在 Lightroom 中创建收藏夹时，在"创建收藏夹"对话框中勾选"设为目标收藏夹"复选框，这个新收藏夹就创建成了新的目标收藏夹。比如我们将"快捷收藏夹"设置为目标收藏夹后，原本"摄影"收藏夹后面代表目标收藏夹的"+"号就转移到了"快捷收藏夹"右侧（图 2-49）。此时选定的目标将直接加入"快捷收藏夹"中。

图 2-49

模块 7　　巧用堆叠功能

思考

我们可以使用堆叠功能将收藏夹中外观类似的照片放在一起。这样就减少了滚动鼠标搜寻照片的时间。利用堆叠功能，可以将许多缩览图堆叠到一个缩览图下。

实践操作

导入一组照片后，发现许多风光照片的内容相似。这些照片全部呈现在一起会增加页面的无序感，使得寻找保留照片的过程更加困难。

我们可以将内容相似的照片放到一个堆叠组内，并用一个缩览图来表示，让剩下的照片都放置在这个缩览图后面。首先选中风景相似的一组照片中的第一张（图2-50中选中的高亮照片），然后按住【Shift】键并单击本组照片的最后一张进行连续照片选取或通过【Ctrl】键进行间隔选取（也可以在胶片显示窗格内进行照片选择）。

图 2-50

图 2-51

图 2-52

选择完照片后，使用【Ctrl】+【G】（Mac：【Command】+【G】）组合键将所有选中的照片放入一个堆叠组中（这个键盘快捷键很容易记，字母键【G】代表单词"Group"）。如果在网格视图下，则会发现只有一张该类型风景照片的缩览图。这样操作不会删除或者移走同组中的其他照片，它们只是被放置在这个缩览图之外。

将这些照片堆叠到一个组之后，页面看起来简洁多了（图 2-51），操作起来也非常方便。

如图 2-52 所示，在缩览图左上角的矩形方块中我们可以看到数字"17"。它提供了两个信息：① 这不是一张照片，而是一组堆叠照片；② 堆叠组中照片的数量为"17"。若想展开堆叠组，查看堆叠组中的所有照片，可直接单击缩览图左上角的数字"17"，或按键盘上的字母键【S】，或单击缩览图两侧的细长条标志。若想折叠堆叠组，只需要重复以上任何一种操作。

如想将某张照片添加到已经存在的堆叠组中，只需将目标照片拖动到对应的堆叠组中即可。

创建堆叠组时，选中的第一张照片将会成为堆叠后显示的缩览图。如果不想让它呈现在堆叠组上，可以选择组中的其他任何照片。首先展开堆叠组，然后用鼠标右键单击含有照片序号的小方框标志，在弹出的下拉菜单中选择"堆叠"下的"移到堆叠顶部"（图 2-53）。

若想将某张照片从堆叠组中移去，则展开堆叠，用鼠标右键单击照片的序号，从弹出的下拉菜单中选择"堆叠"下的"从堆叠中移去"（图 2-54）。此操作并不会删除照片，也不会将其从收藏夹中移除，只是将它从堆叠组中移去。

如果只移去一张照片，当再次折叠堆叠组时，我们会在网格视图下看到两个缩览图——一个代表仍堆叠在一起的多张照片，另一个则代表刚刚从堆叠组中移去的单独照片。

图 2-53

图 2-54

小贴士

如果想从堆叠组中一次性移去多张照片，则需按住【Ctrl】（Mac:【Command】）键并单击选中想移去的照片，再用鼠标右键单击其中一张照片的照片序号，然后在弹出的下拉菜单中选择"堆叠"下的"从堆叠中移去"。

如果想删除堆叠组中的某张照片（不是把它从堆叠组中移出），只需要展开堆叠组，然后单击需要删除的照片，按下键盘上的【Backspace】（Mac:【Delete】）键即可。

如果想一次性展开所有堆叠组，只需要用鼠标右键单击任何一个堆叠组，在弹出的下拉菜单中选择"堆叠"下的"展开全部堆叠"（图2-55），或者用鼠标右键单击任何堆叠组的照片序号方框，在弹出的下拉菜单中选择"堆叠"下的"展开全部堆叠"。如果你想折叠所有堆叠组，则选择"折叠全部堆叠"即可。这样，每一组照片中只有一张可见。

图 2-55

Lightroom 可以根据照片拍摄的时间间隔来自动堆叠相似照片。例如，在工作室中拍照时，通常会按部就班地拍。当模特需要更换服装（或者拍摄者需要改变灯光条件）时，这一过程可能会花费至少 5 分钟的时间。此时我们可将自动堆叠的时间间隔设置为 5 分钟。5 分钟或更长时间没有拍照时，Lightroom 会自动将之前拍摄的照片堆叠。若想开启自动堆叠功能，只需用鼠标右键单击任意一个堆叠组，在弹出的菜单中选择"堆叠"下的"按拍摄时间自动堆叠"。打开图 2-56 所示的对话框后，向左或向右拖动滑块时，会发现照片开始进行实时堆叠。

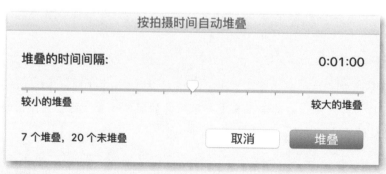

图 2-56

　　若想拆分堆叠组，则先要展开堆叠组，然后选择需要从堆叠组中移去的照片，用鼠标右键单击其中任何一张照片的序号方框，在弹出的菜单中选择"堆叠"下的"拆分堆叠"（图2-57）。

　　一旦照片进行了堆叠操作，堆叠组折叠时，任何对堆叠组实施的操作就只作用于顶部的照片，而对其他照片没有效用。在更改设置或者增加关键字之前，如果展开堆叠组，并选中所有照片，快速修改照片设置、关键字和其他任何编辑则都会应用于整个堆叠组。

图2-57

模块 8   重命名 Lightroom 中的照片

我们已经学习了从相机存储卡上导入照片时怎样重命名它们，但是如果导入计算机上现有的照片，它们将保留现有名称（因为只是把它们添加到 Lightroom 中）。下面介绍其重命名方法。

图 2-58

单击想要重命名的照片收藏夹，按【Ctrl】+【A】（Mac:【Command】+【A】）组合键选择该收藏夹内的所有照片。转到"图库"菜单，选择"重命名照片"，或者按键盘上的【F2】键，打开重命名照片对话框（图 2-58）。该对话框提供与导入窗口相同的文件命名预设。请选择想要使用的文件名预设。在这个例子中，我们选择"自定名称 – 序列编号"预设。输入自定名称，之后系统将自动从 1 开始编号。单击"确定"按钮，所有照片就立即被重新命名（图 2-59）。

图 2-59

模块 9　　快速查找照片

为了更容易查找照片，我们在导入照片时应用一些关键字将其命名为更有意义的名字，这样可以在很短的时间内找出所需的照片，使我们的工作变得更加轻松自如。

实践操作

在查找照片之前，我们首先需要明确想要在哪里搜索。如果只在某个收藏夹内搜索，请转到"收藏夹"面板，单击该收藏夹。如果想要搜索整个照片目录，则从胶片显示窗格左上方可以看到目前所观察照片的路径。如图 2-60 所示，这里选择了"菲林"收藏夹中的内容进行查找。使用键盘上的【Ctrl】+【F】（Mac：【Command】+【F】）组合键，打开图库网格视图顶部的图库过滤器。如果需要按文本搜索，请在搜索字段内输入需要搜索的文字。在默认情况下，系统将搜索所有能够搜索的字段——文件名、关键字、标题、内嵌的 EXIF 数据来找到匹配的照片。在本例中，搜索文字为"冰岛"（图 2-61）。使用搜索字段左侧的两个下拉菜单还可以缩小搜索范围。例如，要把搜索范围限制为标题或关键字，则从第一个下拉菜单内选择它们即可。

图 2-60

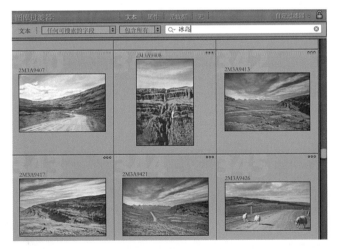

图 2-61

图 2-62

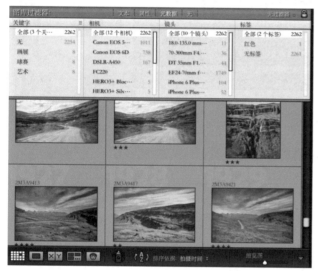

图 2-63

图 2-64

另一种搜索方法是按属性搜索。单击"图库过滤器"栏中的"属性",显示出图 2-62 所示的界面。我们在前面使用过"属性"选项来缩小所显示的照片范围,只显示留用照片。这里要注意几点:对于星级,如果单击 4 星,图库过滤器会过滤掉 4 星级以下的照片,只显示出被评为 4 星及以上的照片。

除了按文本和属性搜索之外,我们还可以按照片中嵌入的元数据进行查找,因此可以基于所用镜头类型、设置的感光度(ISO)、所用光圈或者其他设置搜索照片。

单击"图库过滤器"栏内的"元数据",就会显示出一系列内容(图 2-63)。从中我们可以按关键字、相机、镜头或者标签等进行搜索。

使用"元数据"选项查找照片有以下 4 种常用的搜索方法。

(1)日期

如果记得所查找的照片是哪一年拍摄的,在"日期"栏内单击这一年,就会看到这些照片显示出来。(图 2-64)如果想进一步缩小查找范围,单击年份左边朝右的箭头,就可以将查找范围精确到某月某日。

(2)相机

如果不记得照片的拍摄日期,但知道拍摄时所使用的相机,则转到"相机"栏,直接在该相机机型上单击(相机右边的数字代表有多少幅照片是用该相机拍摄的)。之后屏幕上就会显示出这些照片。

（3）镜头

如果照片是用广角拍摄的，则直接转到"镜头"栏，单击照片拍摄所用镜头，就会显示出这些照片。这在搜索用特殊镜头拍摄的照片时非常有用，如在"EF24-70mm f2.8"镜头上单击（图2-65），则在短时间内就能够找到所要的照片。

（4）标签

例如，要想查找用鱼眼镜头拍摄的47幅照片，如果将最好的照片用标签标记过，将进一步缩小查找范围。

注意：查找照片时不必先从"日期"栏开始，我们可以以任意顺序选择需要的任意一栏。

假如确实不需要按日期搜索，而在低光照条件下拍摄了大量的照片，那么按感光度搜索可能很有用。幸运的是，每栏都可以自定义，因此，在栏标题上单击，在弹出的菜单中选择新的选项，它就可以搜索想要的元数据类型。如在图2-66中为第一栏选择"ISO感光度"，所有的感光度就都列在第一栏内。单击800、1600或更高的感光度，以查找低光照照片。另一种有用的选择是把栏设置为"拍摄者"或"版权状态"，这样只要单击一次，就可以在目录中快速查找其他人拍摄的照片。

如果想进一步限制搜索条件，请按【Ctrl】（Mac:【Command】）键并单击"图库过滤器"栏内三个搜索选项中的多个选项。此时它们是累加的，并将依次列出。现在我们可以搜索具有指定关键字（本例中用Turkey）、标记为留用、带有红色标签、用Canon EF24-70mm f2.8镜头以ISO400拍摄的横向照片（搜索结果如图2-67所示），而且还可以把这些条件存储为预设。

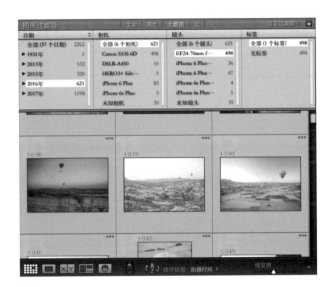
图2-65

图2-66

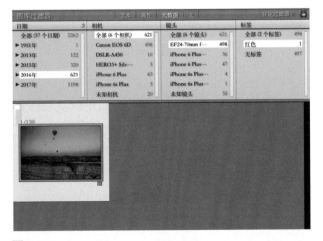
图2-67

67

模块 10　　丢失照片的处理

多次使用 Lightroom 后，有时缩览图的右上角会出现小感叹号图标，这意味着 Lightroom 无法找到原来的照片。这时我们仍能看到照片缩览图，甚至可以在放大视图内放大它，但不能做任何重要编辑（如颜色校正、修改白平衡等），因为 Lightroom 执行这些操作需要原来的照片。因此，我们需要了解怎样把照片重新链接到原来的照片。

图 2-68

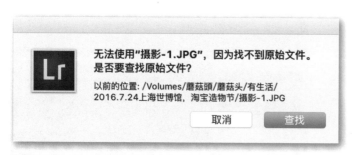

图 2-69

在图 2-68 所示的界面内，我们可以看到一幅缩览图的右上角出现了小感叹号图标。这说明它失去了与原来照片的链接。出现这种情况的主要原因可能有两种：一种是原来的照片存储在外接硬盘上，而该硬盘现在没有连接到计算机。对于这种情况，只要重新连接硬盘，Lightroom 就可以立即重新链接照片。如果没有把照片存储到外接硬盘上，另外一种原因就是移动或删除了原来的照片。

要找出最后一次查看该照片的位置，可单击小感叹号图标。弹出的对话框（图 2-69）告诉我们找不到原始文件，但在警告文字的下面显示了照片以前的位置，以便我们立即了解它是否真的位于移动硬盘、闪存盘上等。

如果移动了文件或整个文件夹，则必须把照片的移动位置"告诉"Lightroom。

单击"查找"按钮，在"查找丢失的照片"对话框（图2-70）弹出后，导航到照片所处的位置。找到后，单击该照片，再单击"选择"按钮，就会重新链接这幅照片。如果移动了整个文件夹，则一定要勾选"查找邻近的丢失照片"复选框。这样一来，当找到一张丢失的照片时，Lightroom将立即自动重新链接那个文件夹中所有丢失的照片。

图 2-70

如果整个文件夹丢失（文件夹将显示为灰色并有问号图标）。只需用鼠标右键单击"文件夹"面板，选择"查找丢失的文件夹"（图2-71），导航到文件夹现在所处的位置后，选择它即可。

图 2-71

提 示　　保持所有照片正常链接

如果要确保所有照片都链接到实际文件，则在"图库"菜单下选择"查找所有缺失的照片"（图2-72），在网格视图下打开断开链接的所有照片，这时就可以使用我们刚学到的方法重新链接它们。

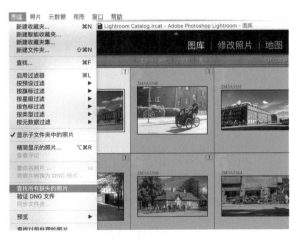

图 2-72

模块 11　目录的创建

思　考

Lightroom 可以管理由数万张照片组成的图库，然而目录很大时，Lightroom 的性能会打折扣。这就需要我们创建多个目录，并随时在它们之间切换，以保证目录大小的可管理性，并让 Lightroom 全速运行。

实践操作

到目前为止，一直使用的照片目录是在 Lightroom 第一次启动时创建的。如果想为所有的旅游照片、家庭照片或运动照片创建单独的目录，可转到 Lightroom 的"文件"菜单下，选择"新建目录"，这将打开"创建包含新目录的文件夹"对话框（图 2-73）。为该目录起一个简单的名字，如"Lightroom photos"，并为它选择一个存储位置。

单击"创建"按钮以后，Lightroom 将关闭数据库，然后自动退出并重新启动，以载入这个全新的空目录。该目录下没有任何照片。单击"导入"按钮（图 2-74），导入一些日常照片，以利用此目录。

图 2-73

图 2-74

　　处理过这个新的目录后，如果想要返回到原来的主目录，只需转到"文件"菜单，从"打开最近使用的目录"子菜单中选择原目录即可（图 2-75）。Lightroom 将保存刚刚新建的"Lightroom photos"目录，然后自动退出，再用原来的目录"Lightroom Catalog"重新启动。

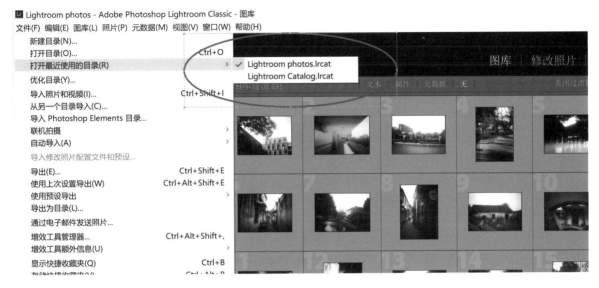

图 2-75

模块 12　　目录的备份

在 Lightroom 中向照片添加的所有编辑、关键字等内容均存储在 Lightroom 的目录文件中，所以这是一个至关重要的文件，也是我们需要定期备份目录的原因。

转到"编辑"菜单，选择"目录设置"，打开"目录设置"对话框，单击顶部的"常规"选项卡，"备份目录"位于这个对话框的底部。"备份目录"下拉菜单列出的选项可使 Lightroom 自动备份当前目录。我们在此选择备份的频率。本例选择"每天第一次退出 Lightroom 时"（图 2-76）。

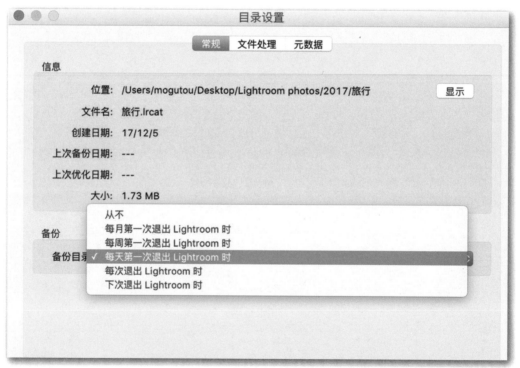

图 2-76

设置完毕，退出 Lightroom 时会弹出"备份目录"对话框（图 2-77），提醒我们备份目录数据库。单击"备份"按钮，Lightroom 就开始进行备份。在默认状态下，这些目录备份存储在 Backups 文件夹内单独的子文件夹中。Backups 文件夹位于 Lightroom 文件夹内。为了防止计算机崩溃后数据丢失，我们可以把备份存储到外接硬盘上。这时请单击"选择"按钮，导航到外接硬盘，之后单击"备份"按钮。

图 2-77

若已经备份了目录，当目录损坏或计算机崩溃时，则重新启动 Lightroom，然后转到"文件"菜单，选择"打开目录"。在"打开目录"对话框中，定位到 Backups 文件夹，将看到该文件夹内按日期和时间顺序列出的所有备份内容。针对想要的日期，单击该文件夹，在其内部单击扩展名为 lrcat 的文件（这就是备份文件），单击"打开"按钮就可以了（图 2-78）。

图 2-78

提　示　　系统变慢时优化目录

　　Lightroom 内累积了大量的照片之后，运行速度会变慢。如果出现这种情况，则转到"文件"菜单，选择"优化目录"，优化当前打开目录的性能。隔几个月优化一次目录可以使运行速度保持在最佳状态。另外，我们也可以在备份目录时勾选"备份后优化目录"复选框进行优化。

模块 13　　目录的同步和转移

　　在现场拍摄期间，如果在影棚或别人的工作室计算机上运行 Lightroom 处理完照片，要将照片本身及其全部的编辑、关键字、元数据添加到你个人的计算机上的 Lightroom 目录中，就应先在当前计算机上选择要导出的目录，然后把它创建的这个文件夹传送到你的计算机上并导入。所有工作都由 Lightroom 完成，我们只需对 Lightroom 怎样处理做出选择即可。

　　使用上面所描述的方案，第一步是决定导出文件夹（这次拍摄的所有照片）还是导出收藏夹（这次拍摄的留用照片）。在本例中，我们将使用收藏夹。转到"收藏夹"面板，单击想要与工作室计算机中的主目录合并的收藏夹。如果选择了文件夹，唯一的差别就是转到"文件夹"面板，并单击这次拍摄的文件夹。不管是收藏夹还是文件夹，添加的所有元数据和在 Lightroom 中所做的所有编辑都将被传送到另一台计算机上。

　　现在转到 Lightroom 的"文件"菜单，选择"导出为目录"（图 2-79）。

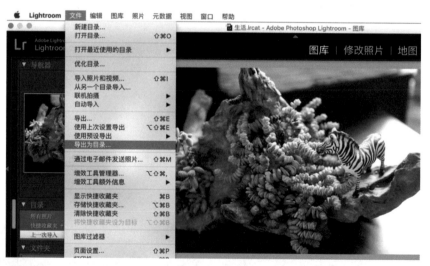

图 2-79

　　选择"导出为目录"后，会打开"导出为目录"对话框（图 2-80）。我们在顶部文件名字段内为要导出的目录输入名称。本例要导出拍摄的多肉植物照片，因此输入"多肉"，并确定好存储的路径。该对话框底部有几个选项。在默认情况下，它们都处于被勾选的状态。如果勾选顶部的"仅导出选定照片"复选框，将只导出在选择"导出为目录"之前选定的文件夹中的照片。而最重要的是 "导出负片文件"复选框。如果不勾选这个选项，将只导出预览和元数据，不会真正导出照片本身。

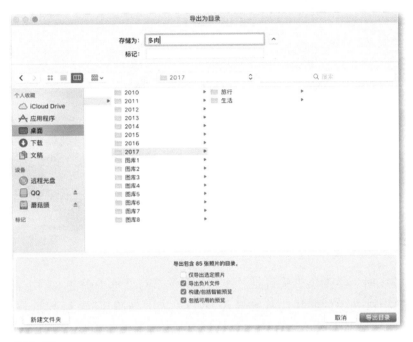

图 2-80

单击"导出目录"按钮，导出目录。完成导出以后，我们在计算机上就可以看到导出的文件夹了（图 2-81）。通常将这个文件夹保存到桌面上。下一步就是将它复制到外接硬盘上，这样可以将这个存有照片的文件夹传送到自己的计算机上。

我们将硬盘连接到自己的计算机上，把"多肉"文件夹复制到存储照片的位置（如在第一章中创建的"Lightroom Photos"文件夹中）。在计算机上，转到 Lightroom 的"文件"菜单，并选择"从另一个目录导入"，打开图 2-82 所示的对话框。导航到刚复制到计算机上的那个文件夹，然后在文件夹内单击文件扩展名为 lrcat 的文件，单击"选择"按钮。

多肉

图 2-81

从图 2-82 中可以看出，Lightroom 在此文件夹内创建了 4 个项目：① 包含预览的文件"多肉 Previews. lrdata"；② 包含智能预览的文件"多肉 Smart Previews. lrdata；③ 目录文件本身"多肉 .lrcat"；④ 包含实际照片的若干文件夹。

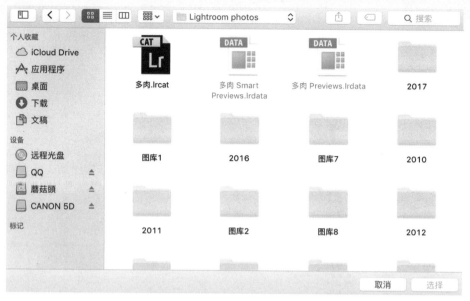

图 2-82

　　单击"选择"按钮时，会弹出"从目录'多肉'导入"对话框（图 2-83）。在右边"预览"区域中，一旁的复选框被选中的照片均将被导入。位于左边"新照片"区域的是一个"文件处理"下拉菜单。因为已经把照片复制到计算机上了，所以就使用默认设置——"将新照片添加到目录而不移动"。如果想把它们从硬盘直接复制到计算机上的文件夹中，则应该选择"将新照片复制到新位置并导入"。只要单击"导入"按钮，这些照片就将组成一个收藏夹。它们包含了所应用的所有编辑、关键字等内容。

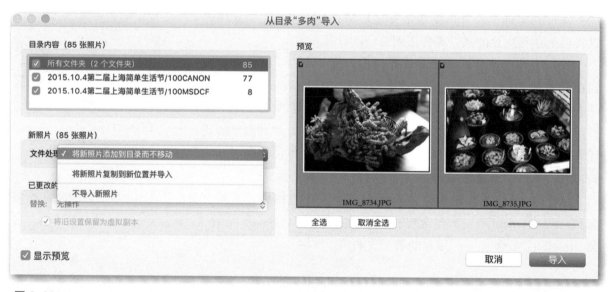

图 2-83

第二章

Lightroom

照片的基础编辑

模块 1   放大视图的设置

在放大视图下，除了放大显示照片之外，用户还能够以文本方式在预览区域的左上角显示照片的相关信息，而显示的信息均由用户决定。在一般情况下，用户都会在放大视图内工作，因此，让我们共同来配置适合自己的放大视图。

实践操作

在一般情况下，在"图库"模块的网格视图内单击某张照片的缩览图，按键盘上的字母键【E】进入放大视图。图 3-1 所示的例子隐藏了除右侧面板区域外的所有区域，所以照片能以更大的尺寸显示在放大视图内。

图 3-1

按【Ctrl】+【J】(Mac:【Command】+【J】)组合键打开"图库视图选项"对话框（图 3-2），单击"放大视图"选项卡。在该对话框的顶部，勾选"显示叠加信息"复选框。在其右侧的下拉菜单中可以选择两种不同的信息：选择"信息 1"可在预览区域左上角显示照片的文件名（以大号字体显示），在文件名下方以较小的字号显示照片的拍摄日期、时间及其裁剪后尺寸；选择"信息 2"也可显示文件名，在其下方还将显示曝光度、ISO 和镜头设置。

在该对话框内的下拉菜单中我们可以选择上述两种信息状态显示哪些信息。例如，不想以大号字体显示文件名，则可以从下拉菜单内选择"通用照片设置"选项（图 3-3）。选择该选项后，将不会以大号字体显示文件名，而显示与直方图下方相同的信息（如右侧面板区域顶部面板内的快门速度、光圈、ISO 和镜头设置）。从这些下拉菜单中我们可以独立选择定制两种信息叠加（每个部分顶部的下拉菜单项将以大号字体显示）。

图 3-2

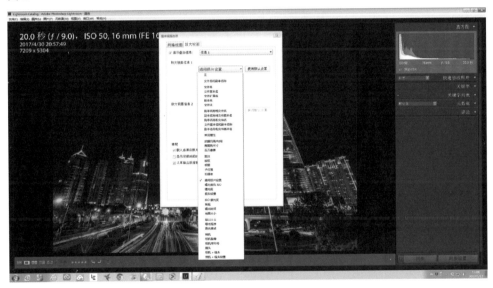

图 3-3

　　需要重新开始设置时，单击右侧的"使用默认设置"按钮，就会显示出默认的放大视图信息设置。在这种状态下，软件会自动禁止该按钮（图 3-4 中红色圆圈处）。此外还有一些建议：取消勾选"显示叠加信息"复选框，勾选"放大视图信息"下方的"更换照片时短暂显示"复选框，照片第一次打开时将显示 4 秒左右，之后隐藏；或者保留该选项为关闭状态，想看到叠加信息时，按字母键【I】在"信息 1"、"信息 2"和"显示叠加信息"关闭之间切换。该对话框的底部有一个 "载入或渲染照片时显示消息" 复选框。它可以控制显示在屏幕上的简短提示，如"正在载入"或者"指定关键字"等。另外，该对话框底部还有两个视频选项复选框。

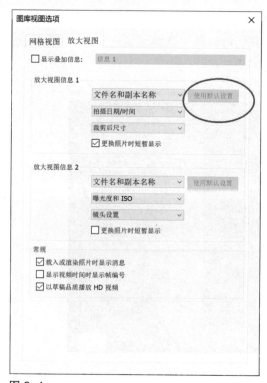

图 3-4

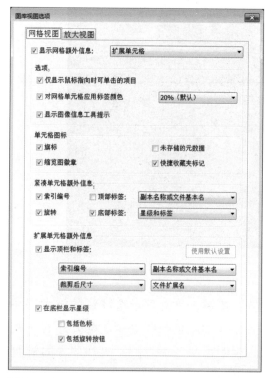

图 3-5

网格视图内缩览图周围的小单元格有一些很有用的信息。这里将介绍如何选择在网格视图内自定信息的显示量，而且在某些情况下我们还可以准确定制显示哪些类型的信息。

按字母键【G】跳转到"图库"模块的网格视图，之后按【Ctrl】+【J】组合键打开"图库视图选项"对话框，选择顶部的"网格视图"选项卡（图 3-5）。在该对话框顶部下拉菜单中我们可以选择在扩展单元格视图或紧凑单元格视图下显示哪些内容。二者的区别是，在扩展单元格视图下可以看到更多信息。

向单元格添加留用标记及左/右旋转箭头时，在"选项"区域（图 3-6）内如果勾选"仅显示鼠标指向时可单击的项目"复选框，就意味着它们将一直隐藏，直到把鼠标移动到单元格上方时才显示出来。这样就能够单击它们。如果不勾选该复选框，将会一直看到它们。在向照片应用了颜色标签后，"对网格单元格应用标签颜色"复选框会显示出来。如果应用了颜色标签，选择该复选框将把照片缩览图周围的灰色区域着色为与标签相同的颜色，并且可以在下拉菜单中选择着色的深度。如果勾选"显示图像信息工具提示"复选框，将鼠标悬停在单元格内某个图标（如留用旗标或徽章）上时，该图标的描述将会出现。鼠标悬停在某个照片的缩览图上时，该照片的 EXIF 数据将会快速出现。

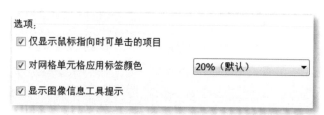

图 3-6

模块 2　　显示窗格的设置

 思 考

就像在网格视图和放大视图下可以选择显示哪些照片信息一样，我们也可以在胶片显示窗格内选择显示哪些信息。因为胶片显示窗格空间很小，所以控制里面所显示的内容显得尤为重要，否则看起来会很混乱。下面介绍一下如何在胶片显示窗格内选择要显示的内容。

实践操作

用鼠标右键单击胶片显示窗格内的任意一个缩览图将弹出一个菜单（图3-7）。位于菜单底部的是胶片显示窗格的"视图选项"。其中有5个常用选项：①"显示徽章"选项。选择该选项将添加我们在网格视图中所看到的缩小版徽章（显示照片是否已经被添加到收藏夹，是否应用了关键字，照片是否被裁剪，或者是否在Lightroom内被调整过等）。②"显示星级和旗标状态"选项。选择该选项会向胶片显示窗格的单元格添加小的旗标和评级。③"显示堆叠数"选项。选择该选项将添加堆叠图标，显示堆叠内照片的数量。④"显示图像信息工具提示"选项。选择该选项将在我们把光标悬停在胶片显示窗格内的照片上方时弹出一个小窗口，显示我们在"图库视图选项"对话框的"显示叠加信息"的"信息1"中选择的信息内容。⑤"显示索引编号"选项。选择该选项会在胶片显示窗格内标注图片在该图库内的索引编号。如果你厌烦了在胶片显示窗格中因不小心点到徽章而触发某功能的话，可以保持徽章可见，关闭它的"触发功能"，只需选择"忽略徽章单击"即可。

图 3-7

模块 3　简化操作面板

Lightroom 具有大量的面板。要想找到相关操作所需的面板，需要在这些面板内来回查找，而这样会浪费很多时间。建议：①隐藏不使用的面板；②打开单独模式，这样可在单击某个面板时只显示一个面板，而折叠其余面板。接下来将介绍如何使用这些隐藏功能。

转到任意一侧面板，用鼠标右键单击面板标题。弹出的菜单中将列出这一侧的所有面板。每个面板的左侧有选取标记则表示可见。如果想在视图中隐藏某个面板，可以取消勾选。例如，本例的"修改照片"模块的右侧面板区域就隐藏了"相机校准"面板（图3-8）。

观察图3-8、图3-9所示的两个面板。图3-8所示的是"修改照片"模块中面板通常显示的效果。想在"分离色调"面板内进行调整，而其他所有面板都展开了，因此我们就必须向下拖动滑动条才能找到想要的面板。观察图3-9，这是激活单独模式后同一套面板的显示效果：其他面板都折叠起来。我们可以将注意力集中到"分离色调"面板。在"分离色调"面板的名称上单击，其就会折叠起来。

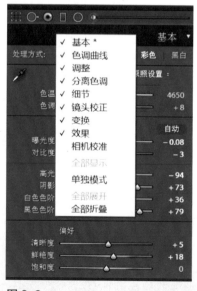

图 3-8

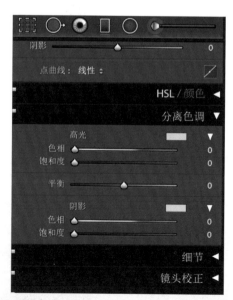

图 3-9

模块 4　　白平衡的设置

思 考

编辑照片时首先要设置白平衡。如果白平衡设置正确，颜色就正确，颜色校正问题就会大大减少。在"基本"面板内调整白平衡，这是 Lightroom "修改照片"模块内最重要、最常用的功能。

实践操作

在"图库"模块中单击想要编辑的照片。按字母键【D】，可跳到"修改照片"模块；按字母键【S】，可转到"幻灯片放映"模块；按字母键【P】，可转到"打印"模块；按字母键【W】，可转到"Web"模块。进入"修改照片"模块后，所有的编辑控件都在右侧面板区域中。照片按照拍摄时数码相机中设定的白平衡值显示在软件中，如图 3-10 所示。

图 3-10

设置白平衡的方法有三种。

（1）使用下拉菜单

在 Lightroom 中调整白平衡的第一种方法是使用预置的下拉菜单。如图 3-11 所示，打开菜单后，有 9 个选项供选择。选择不同的选项，会自动应用不同的内置白平衡设置。如果是 JPEG 文件，只有 2 个选项可用："自动"及"自定"。　"日光""阴天""阴影"这三个白平衡预设值色

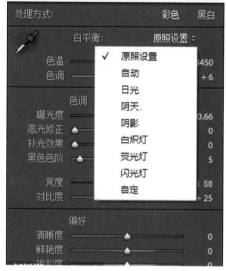

图 3-11

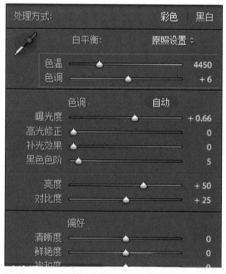

图 3-12

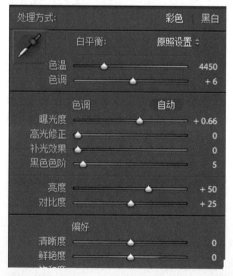

图 3-13

调更暖一些(更偏黄)，且"阴天"和"阴影"模式比"日光"模式要暖很多。"白炽灯"和"荧光灯"这两个预设值色调都是非常极端的蓝色调。"闪光灯"预设的效果非常好，它比自动模式更温暖，而人像通常会因温暖的色调显得更好看一些。最后一种预设模式——"自定"其实根本不是真正的预设，仅表示可以通过调整下拉菜单下面的两个滑块来手动创建白平衡值。

（2）使用滑块

Lightroom 中的白平衡调整界面上有 2 个设置滑块："色温"和"色调"（图 3-12）。

色温："色温"滑块用来调整照片的色温。向左拖动滑块，色温会降低，照片会变"冷"，向右拖动滑块则相反。

色调："色调"滑块用来抵消照片的洋红或绿色色调。使用时，先拖动"色温"滑块调整整体色温，然后拖动"色调"滑块消除画面中残留的洋红或绿色色偏。在荧光灯光源下这种色偏非常常见。

（3）使用白平衡选择器（图 3-13）

在画面中寻找理论上是白色（中性色）的区域，然后用选择器在这里单击一下，软件就会自动将选中区域恢复成白色，从而校准整个画面的白平衡。对于 JPEG 文件来说，这也是最好的调整方法。

提 示

使用白平衡选择器时，转到左侧面板区域顶部的"导航器"面板。把白平衡选择器悬停在照片的不同部分时，可以在导航器中实时预览用该工具单击这个区域时的白平衡效果。这很有用，免得我们在寻找白平衡点时到处单击，为我们节约了大量时间。接下来，在使用白平衡选择器时，你很可能已经注意到了一个像素化网格。它能放大光标悬停的区域，有助于我们找出中性灰色。但如果它很碍事，你可以通过取消勾选下方工具栏内的"显示放大视图"复选框来消除它。

模块 5　认识图片编辑"基本"面板

下面将介绍"基本"面板中的滑块（图 3-14）。Adobe 公司将其命名为"基本"面板，是因为用户在大部分时间内都会在该面板内编辑照片。这里需要介绍一些快捷功能，例如，向右拖动滑块可以突出或增强其效果，向左拖动滑块则暗化或减弱其效果。

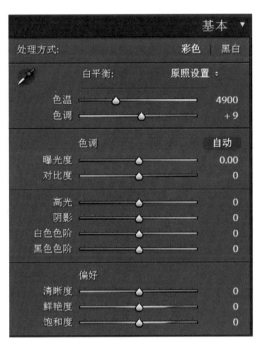

图 3-14

（1）自动调整色调

单击"自动"按钮，Lightroom 会自动尝试平衡照片效果。如果不知道如何调整，可单击这个按钮，看一下效果。如果这不是想要的效果，可单击"复位"按钮（在右侧面板区域底部）。

（2）总体曝光

"曝光度"和"对比度"两个滑块在编辑照片时起到很大的作用。曝光度控制了照片的总体亮度。按照希望的方式设置好曝光度后，再增加对比度数值。

（3）局部调光

当调整过程出现问题时，我们会使用"高光""阴影""白色色阶""黑色色阶"这四个滑块。当照片的亮部过亮（如天空太亮）时，我们可使用"高光"滑块。"阴影"滑块可以提亮照片最暗的部分，使得隐藏在阴影中的物体出现，非常适合修复背光部分。"白色色阶"和"黑色色阶"滑块则是为那些习惯在 Photoshop 的色阶功能中使用白点和黑点的人准备的。

（4）最终效果

"清晰度""鲜艳度""饱和度"这些特效滑块可以增加照片的色调对比，使色彩更加鲜艳（或消除色彩）。

模块 6　　照片整体亮度的控制

　　"曝光度"滑块是 Lightroom 中主要用于控制照片整体亮度（根据拖动滑块的方向来决定更暗还是更亮）的滑块。还有其他滑块（如"高光"和"阴影"滑块）可以控制照片的特定区域，但当编辑照片时（在设置了正确的白平衡后），我们通常要在调整其他设置前先保证整体曝光是正确的。这是相当重要的调整。

图 3-15

图 3-16

　　本例要用到的所有编辑照片的设置都位于右侧面板中，因此我们可收起左侧面板区域：按键盘上的【F7】键，或者直接单击面板最左侧的灰色小三角形（图 3-15 中左侧红色圆圈处）。此时屏幕上的照片会呈现得更大，更便于查看。从直方图中可以看出，图片整体高光溢出。虽然曝光值没调整过，但是整张照片曝光过度，需要将亮度降低。

　　若想使照片整体变暗，只需要向左拖动"曝光度"滑块，直到曝光看起来合适即可。此处将"曝光度"滑块大幅向左拖动至"–1.00"（图 3-16）。查看直方图可以发现上面描述的照片的曝光问题已经得到了较好的处理，高光部分仍然有足够的细节，但是没有曝光过度的部分。类似原照片亮度过高的问题，有时只需降低曝光度值就能解决。

"曝光度"滑块不仅能使照片变暗，还能使照片变亮。"基本"面板中的所有滑块都从零开始（图 3-17）。我们通过向不同方向拖动来调整。例如，把"饱和度"滑块向右拖动会使照片的色彩更鲜艳，向左拖动则会使颜色更暗淡（向左拖动的幅度越大，颜色越暗淡，直至成为黑白照片）。

图 3-17

想让照片更亮，可向右拖动"曝光度"滑块，直到对整体亮度都满意即可。本例把它设置为"+1.78"（图 3-18）。如果想让这张照片达到满意的效果，还需做许多调整。由于首先调整的是照片整体的明亮度，因此这已经为对比度、高光、阴影、白色色阶、黑色色阶等的调整做出了良好的铺垫。

图 3-18

模块 7 读懂直方图

直方图位于右侧面板区域的顶部，它表示的是将照片的曝光度绘制在一张图上时的样子。读懂直方图很容易——较暗的部分（阴影）显示在图的左侧，中间色调显示在中间，较亮的部分（高光）显示在右侧，图最左侧和最右侧部分则分别是黑色色阶和白色色阶区域。如果图的某一部分是平的，就说明照片中没有位于该范围的图像部分。

直方图分为五个区域，分别是黑色色阶、阴影、曝光度、高光、白色色阶。下面介绍调整这五个区域对应的五个滑块（图 3-19）。

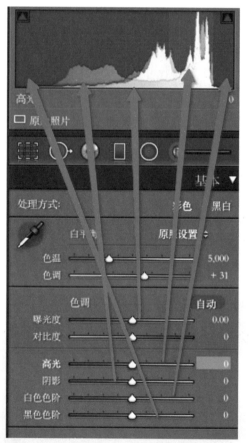

图 3-19

（1）"曝光度"滑块

将光标移动到"曝光度"滑块上，一片淡灰色区域会出现在直方图中。这片区域是受"曝光度"滑块影响的部分。在本例中，大部分是中间色调（所以灰色区域位于直方图中间）。

（2）"高光"滑块

"高光"滑块涵盖了比中间色调更亮的区域。观察图 3-19 所示的直方图，最右侧的区域（白色色阶区域）是平的，说明最亮的部分缺失了。将"高光"滑块向右拖动可以帮助填补这个空缺。

（3）"阴影"滑块

"阴影"滑块控制阴影区域。从图 3-19 中可以看到，它仅控制了很小的区域（是很重要的区域，因为阴影中的细节会丢失）。相应的区域是平的，意味着该图像最暗的部分缺失了色调。

（4）"黑色色阶"滑块和"白色色阶"滑块

这两个滑块控制照片中最亮的部分（白色色阶区

域)和最暗的部分(黑色色阶区域)。如果照片看起来曝光过度,请将"黑色色阶"滑块向左拖动,以增加更多黑色(你会看到直方图中黑色部分向左扩展)。如果需要更多非常亮的区域,请将"白色色阶"滑块向右拖动(在图中会看到直方图中丢失的部分正在被填补)。

提示 1

高光溢出:高光的亮度超过了感光材料能够记录的上限而产生的失真现象。发生高光溢出的区域将丢失图像亮调细节,变成纯白色。如果像素的亮度值高于图像中可以表示的最高值,则将发生高光修剪,修剪过亮的值以输出白色。通俗理解:图像中达到高光的像素越多,图像中纯白色占据的区域将越多,损失的细节也将越多。(图 3-20)

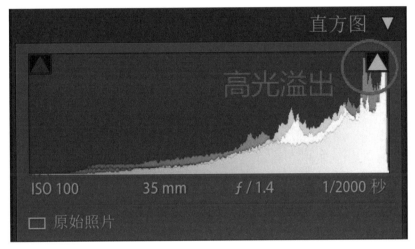

图 3-20

暗部溢出:暗部的亮度超过了感光材料能够记录的下限而产生的失真现象。发生暗部溢出的区域将丢失图像暗调细节,变成纯黑色。如果像素的亮度值低于图像中可以表示的最低值,则将发生阴影修剪,修剪过暗的值以输出黑色。通俗理解:图像中达到暗部的像素越多,图像中纯黑色占据的区域将越多,损失的细节也将越多。(图 3-21)

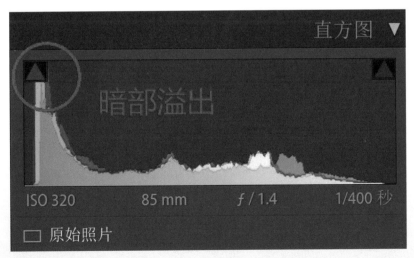

图 3-21

提示2　阴影修剪（剪切）警告和高光修剪（剪切）警告

　　阴影修剪警告和高光修剪警告：帮助使用者观察照片到达高光或到达暗部的大小、位置和分布情况。需要注意的是，这项功能仅仅是辅助用户观察发生高光溢出和阴影溢出的程度，而在许多情况下，做到完全不丢失暗部或高光是没有必要的，甚至是不可能的。

　　阴影修剪警告和高光修剪警告需要打开才能使用，打开和关闭即单击提示高光溢出和暗部溢出的三角形按钮（图3-22）。其中阴影修剪区域将用蓝色提示，高光修剪区域将用红色提示（图3-23）。

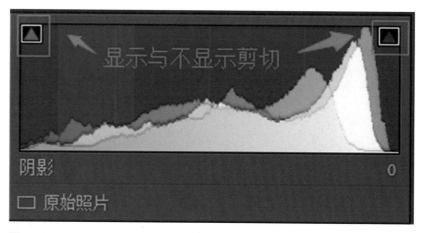

图 3-22

图 3-23

模块 8　　自动调整色调

思 考

　　自动调整色调功能可让 Lightroom 尝试编辑照片（它会根据直方图中的内容来评估照片），尝试平衡照片。有时候其效果很好。如果效果不好，你也不用担心，按【Ctrl】+【Z】组合键撤销操作即可。

实践操作

　　图 3-24 中的照片有点曝光过度，颜色偏白，整体单调。如果不确定该从何处着手修改，可以单击"自动"按钮（位于"基本"面板中的"色调"区域），随后 Lightroom 会分析照片，为照片应用其认为合适的修正。Lightroom 会移动它认为有必要调整的滑块，并且仅限于"基本"面板"色调"区域内的滑块（所以不包括其他面板中的调节鲜艳度、饱和度、清晰度等的滑块）。

　　如果单击"自动"按钮后，照片的调整效果不太好，可以进行以下操作：① 自行调整其他滑块；② 按【Ctrl】+【Z】（Mac：【Command】+【Z】）组合键取消自动调整，然后手动编辑照片。自动调整值得一试，因为有时候能获得不错的效果。这对非常亮的照片有很好的修正效果（例如本例），但会把非常暗的照片调整为曝光过度。我们可以通过降低曝光值来修复这个问题（图 3-25）。

图 3-24

图 3-25

模块 9　　修改前与修改后的照片的对比显示

　　使用 Lightroom 修改照片之后，如何展示修改前和修改后的对比效果呢？下面将介绍其操作方法。

　　在"修改照片"模块中，要查看照片调整前的效果（也就是修改前的照片）时，只要按键盘上的【\】（反斜杠）键即可。此时照片的右上角会显示出"修改前"字样（图 3-26）。在工作流程中最常用到的可能就是"修改前"视图。如果要返回修改后的照片，请再次按【\】键（右上角不会显示"修改后"，但文字"修改前"消失了）。

图 3-26

　　如果要并列显示"修改前"和"修改后"视图（图 3-27），可按键盘上的字母键【Y】。如果喜欢分屏视图，可单击预览图下方工具栏左侧的"切换各种修改前和修改后视图"按钮（如果由于某种原因无法看到工具栏，请按字母键【T】显示它）。再次单击该按钮，将以上下排列的方式显示"修改前"和"修改后"视图。又一次单击该按钮，将以上下分屏的方式显示"修改前"和"修改后"视图。"修改前与修改后"右侧的三个按钮不是用来更改视图的，而是用来更改设置的。要返回放大视图（图3-28），按键盘上的字母键【D】即可。

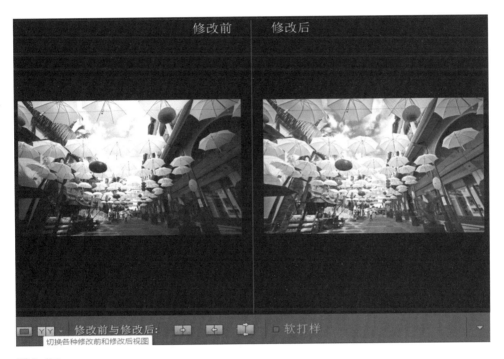

图 3-27

图 3-28

模块 10 处理高光剪切问题

我们需要对高光剪切这一潜在问题保持警惕。当一张照片中的高光区域过于明亮时，这些区域就会丢失细节，没有像素。一旦剪切问题发生，我们就需要通过修复来还原照片的细节。

图 3-29

图 3-30

图 3-29 所示的是一张在室内拍摄的照片。模特身上穿了一件黑色上衣，照片曝光过度了。这不一定意味着照片被剪切了。一旦剪切，Lightroom 会予以警告。三角形的白色高光警示会出现在"直方图"面板的右上角。该三角形通常是黑色的，意味着一切正常，没有剪切。一旦它变为红色、黄色或蓝色，就代表某个特定的色彩通道被剪切。如果它变为纯白色，则说明需要对此进行修复。若想找到准确的被剪切位置，需要直接单击白色三角形（或按键盘上的字母键【K】）。高光剪切区域会呈现红色（如图 3-30 所示，画面右侧的一些区域被剪切得很严重）。

有时降低曝光度值就能解决剪切问题，但本例中，经过调整后的照片依旧有点曝光过度，还要进行后续操作。把"曝光度"滑块向左拖动，暗化整体曝光，照片看起来就好多了（图3-31），但剪切不容忽视。由于照片很亮，暗化曝光能让照片有所好转，但是如果曝光度本来就正常呢？这时拖动"曝光度"滑块来暗化照片会使照片更暗（曝光不足），所以我们需要换种只影响高光而不会影响整体曝光的操作。于是，"高光"滑块就派上用场了。遇到本例中的剪切问题时，"高光"滑块将会是第一道防线。稍微向左拖动它，看到屏幕上的红色剪切警告消失即可（图3-32）。向左拖动"高光"滑块修复了剪切问题，还原了丢失的细节。在处理多云、明媚天空的照片时，"高光"滑块经常被使用。

图 3-31

图 3-32

提 示

在编辑有大片蓝天的风光照片或旅行照片时，请记得把"高光"滑块向左拖动。这样可以让天空和云朵的效果更好，还原更多的细节和清晰度。这是相当简单又有效的办法。

模块 11 "阴影"滑块的应用

当拍摄主体逆光（看起来像剪影）或照片的一部分很暗，细节被阴影覆盖时，只需一个滑块就能解决。"阴影"滑块在亮化阴影区域、为拍摄主体补光（就好比使用闪光灯补光）等方面表现出众。

从原始照片（图 3–33 中"修改前"照片）可以看出，拍摄对象处于逆光状态。眼睛拥有比较广阔的色调范围，能够调整这种场景的色彩，但拍下照片后会发现主体处于逆光的阴影中。当今先进的相机依旧无法比拟人眼能识别的超广阔色调范围。

向右拖动"阴影"滑块，调节照片的阴影区域。"阴影"滑块能够很好地亮化阴影区域，还原对比调整之前隐匿在阴影之中的细节。调整后的效果如图 3–33 中"修改后"照片所示。

图 3–33

注意：如果把"阴影"滑块拖动得太靠右，可能会使照片显得有些平淡。这时只需增加对比度数值（向右拖动），直到恢复照片的对比度为止。这项操作不常使用。需要知道的是，增加对比度能够平衡照片的效果。

模块 12　　设置白点和黑点

思考

　　有时候，天气和光线等原因导致我们的摄影作品不能得到丰富的色彩，画面非常平淡。在处理这类照片之前，我们会通过重新设置照片中白点和黑点的方法，在不发生高光剪切的情况下尽可能地增加白色，而在不发生阴影剪切的情况下尽可能地增加黑色，来扩展照片的色调范围，丰富照片的色阶表现。

实践操作

　　原图（图 3-34）看起来较为平淡，最好通过设置"白色色阶"和"黑色色阶"值来扩展色调范围（位于"基本"面板中，"高光"和"阴影"滑块的下方）。

　　拖动"白色色阶"滑块，直到"直方图"面板右上角的高光剪切警告三角形变白为止（此时图片却高光溢出）。将滑块往回拖动一点直到三角形变黑达到溢出临界点，保留最多的细节。稍微多一点可能就会损坏（剪切）。在"黑色色阶"滑块上进行相同的操作时，若要增加高光（扩展范围），就向左拖动，直到看到阴影剪切警告三角形（位于"直方图"面板的左上角，图 3-35）变白为止。

图 3-34

图 3-35

　　按住【Alt】（Mac:【Option】)键的同时拖动"白色色阶"或"黑色色阶"滑块可以查看剪切预览。按住该键并拖动"白色色阶"滑块时，屏幕会变成黑色（图 3-36）。向右拖动"白色色阶"滑块时，剪切了某个色彩通道的区域会呈现出该色彩。若剪切了红色通道，则该区域会显现为红色；若显现为黄色或蓝色，则证明剪切了黄色或蓝色通道。如果屏幕显现为白色（三个通道都被剪切），则证明滑块拖动得太靠右了，需要向左拖动一些。按住【Alt】（Mac：【Option】)键并拖动"黑色色阶"滑块，则效果相反，照片会变为纯白色。如果向左拖动"黑色色阶"滑块，那么无论被剪切的是某个通道还是三个通道，该区域都会变成纯黑色。

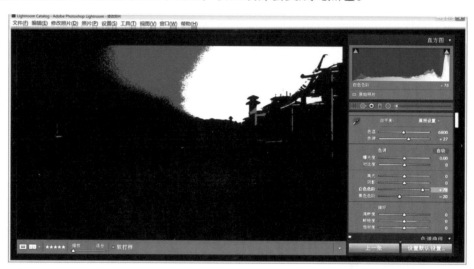

图 3-36

　　我们已经学习完手动设置白点和黑点，以及如何通过【Alt】（Mac：【Option】）键来防止剪切高光或阴影。还可以让 Lightroom 自动设置这两项（不过有时也会稍微剪切一点阴影，但可以接受）。自动设置的方法如下：先按住【Shift】键，然后双击"白色色阶"滑块并设置白点，双击"黑色色阶"滑块并设置黑点。如果按住【Shift】键双击任意一个滑块却没有变化，就意味着已经设置完毕。最终效果如图 3-37 所示。

图 3-37

模块 13　　调整照片的鲜艳程度

　　色彩丰富、明快的照片容易引人注目。虽然 Lightroom 的"饱和度"滑块用于提高照片的色彩饱和度，但问题是，它均匀地提升照片内的各种颜色，使平淡的颜色变饱和的同时，本来就饱和的颜色会变得更加饱和以致矫枉过正。

实践操作

　　"基本"面板底部的"偏好"区域有两个控件影响色彩饱和度。我们不要随意使用"饱和度"滑块，以免使所有颜色的饱和度增加相同强度（这是一种很粗糙的调整）。事实上，只会用"饱和度"滑块来去除色彩。如果向右拖动"饱和度"滑块，确实会使照片的颜色变得更丰富，但得到的画面不够真实。图 3-38 所示的是调整色彩前的原始照片，天空看起来平淡无奇（色彩方面），建筑物的屋顶也有褪色感，但树木看起来还算正常。

图 3-38

　　当你看到单调的大空、褪色的屋顶、色彩单调的画面时，就该使用"鲜艳度"滑块了。它的作用大体是充分提升照片单调色彩的鲜艳度。如果照片的饱和度正常，它就不会过分提升，不会让画面显得过分鲜艳。而且，如果照片中有人物，它也能通过数学算法避免影响肤色，不会让人物的皮肤过于鲜艳。调整鲜艳度能达到比调整饱和度更为逼真的色彩提升效果。此处拖动的幅度较大（图 3-39），但在工作流中我们通常会将"鲜艳度"数值控制在 10 ~ 25 之间，只有在特殊情况下才会超出这个范围。

图 3-39

模块 14　　调整照片的清晰度

Adobe 公司开发清晰度控件时，实际上考虑过把"清晰度"滑块称作"冲击力"滑块，因为它不仅能够增加照片中间调的对比度，使照片更有视觉冲击力，还能将细节和质感很好地补充进来。如果经常使用"清晰度"滑块，就能发现它会使拍摄对象的边缘部分出现微小的暗光晕，但是我们可以通过增加"清晰度"的数值，把丰富的细节补充进来，而不会让照片出现难看的光晕。如今在 Lightroom 中，应用中等数值的"清晰度"得到的画面效果也非常好。

图 3-40

图 3-41

图 3-40 所示的是原始照片，没有应用任何清晰度调整（这张照片非常适合应用中间调的清晰度，但需要增加细节效果）。当照片需要添加许多质感和细节时，我们可选择使用"清晰度"滑块。"清晰度"滑块通常适合调整木质建筑（从教堂到乡村谷仓）、风景（细节丰富）、都市风光（建筑物需要拍摄得很清晰，玻璃或金属也是），或拥有复杂细节的物品（甚至能把老人皱纹纵横的脸部表现得更好）之类的照片。

若想给这张照片增加冲击力和中间调对比度，可将"清晰度"滑块大幅向右拖动到"+69"（图 3-41）。这时我们可以明显看到它的效果。如果拖动的幅度太大，有些拍摄对象的边缘会出现黑色光晕。只需稍微往回拖动滑块，直至光晕消失即可。

注意："清晰度"滑块有一个副作用，即它在增强某个区域细节的同时，也会使其变亮。

模块 15　　调整照片的对比度

思考

　　如果风光类照片看起来色彩非常平淡，而且并不是曝光或者白平衡出了问题，拍摄的题材和内容也没有问题，那么有可能是因为照片在处理之前缺乏对比度。这是一个最大也是最容易被忽略的问题。下面将会介绍两种提高对比度的方法。

实践操作

　　如图 3-42 所示，这是一张平淡的照片。在实际调整它的对比度前，我们先了解一下调整对比度的重要性：让明亮的区域更亮，阴暗的区域更暗。它会使颜色更鲜艳，并且会扩展色调范围，让照片更加清晰、锐利。"对比度"滑块集许多功能于一身，功能非常强大。我们首先介绍最简单的改变对比度的方法：使用"对比度"滑块进行调整。

图 3-42

　　向右拖动"对比度"滑块，可以看到所有效果都在照片中显现了出来：色彩变得更鲜艳，色调范围更广，整个画面更加清晰，明暗部分显得更有区分度（图 3-43）。特别是使用 RAW 格式拍摄后，由于相机会关闭机内关于对比度的设置（JPEG 格式的照片并不受影响），导出的 RAW 格式照片相比相机直出的 JPEG 照片对比度更低，感觉灰蒙蒙的，这时调整"对比度"滑块，就能把失去的对比度添加回来。在使用过程中请记得慢慢增加对比度并观察效果，一般其数值不超过"50"。

图 3-43

　　"对比度"滑块调整数值过高，在某些极端情况下，会让画面变得非常脏，让色调的过渡变得非常僵硬。这时，我们可以通过另一种方法来提升对比度：使用"色调曲线"面板。这种方法相对更复杂一些，却能获得更优异的调整效果。从"基本"面板向下滚动鼠标，就会看到"色调曲线"面板（图 3-44）。我们从该面板底部的"点曲线"中可以设置"线性"（图 3-44 中红色圆圈处）。这意味着曲线是平滑的，未曾应用过对比度调整。这张图片中酒店建筑内景非常华丽，具有超现实的设计感和未来感，但是原图有一些朦胧和平淡的感觉。

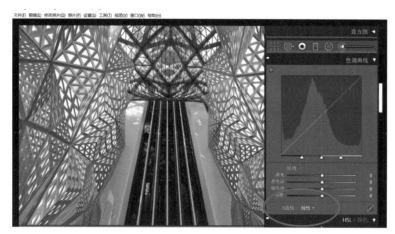

图 3-44

现在我们来提高这张图片的对比度。在"对比度"滑块保持不变的情况下，在"点曲线"下拉菜单中选择一种预设，这是改变对比度最快捷、最简单的方法。在这个案例中，我们选择"强对比度"（图 3-45），之后观察照片所产生的变化，发现照片的阴影区域效果变得更强，高光更亮。我们还可以看到曲线有轻微的弯曲，呈"S"形。线段的上 1/3 处向上凸起表明增加了高光，下端稍微下沉表明增加了阴影。单击"点曲线"下拉菜单按钮右侧的"点曲线"按钮来隐藏滑块，就可以看到点。

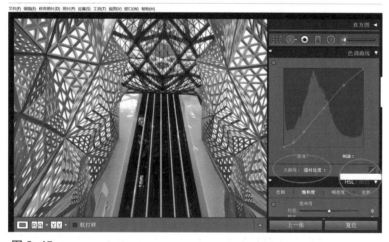

图 3-45

如果认为对比度不够，则可以将"点曲线"设置为"自定"，编辑该曲线。"S"形曲线越陡，对比度越高。而要使曲线变陡，就需要向上移动曲线的顶部（高光），向下移动曲线的底部（暗调和阴影）。（图 3-46）把光标移动到最高点，就会看到曲线上出现双向箭头的光标。单击并向上拖动此标志，照片高光部分的对比度将增高。对底部进行相同的操作可以提高阴影部分的对比度。此外，我们还可以根据实

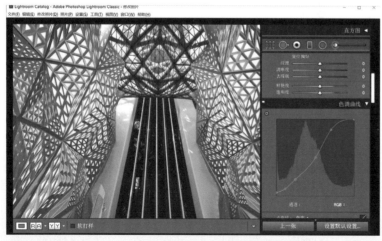

图 3-46

际需求添加几个点。在从下往上大概 3/4 的位置增加几个高光点，并且将其向上拖动；在从下往上大概 1/4 的位置增加一个阴影调整点，并将其向下拖动；最终使曲线成为陡峭的"S"形曲线。

除了使用滑块外，我们还可以使用目标调整工具。它是一个圆形的靶状小图标，位于"色调曲线"面板的左上角（图 3-47 中红色圆圈处）。使用这个工具时，我们可以直接在图像上单击后向上或向下拖动，来调整单击部分的曲线。

图 3-47

我们还可以使用图像底部的三个滑块来控制曲线。它们可以帮助选择色调曲线将要调整的黑色、白色和中间调范围。我们可以通过滑动它们来重新定义哪里是阴影，哪里是中间调，哪里是高光。例如，如果想缩小"阴影"滑块的控制范围，可以单击并向右拖动左侧的"范围"滑块（图 3-48 中红色圆圈处）。调整后"阴影"滑块调整对照片的影响范围更小了。同理，其余两个滑块用来调整暗色调、亮色调和高光区域之间的占比关系。调整后如果双击滑块，就可以复位到它们的默认位置。

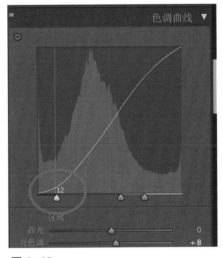

图 3-48

提 示

添加超强对比

如果你已经在"基本"面板里应用了对比度控件，现在使用色调曲线，实际上就是在先前对比度的基础上再次添加对比，所以你现在获得了超强对比。

最后，在适当调整色调曲线控制高光和阴影部分的分布和色调之后，从图 3-49 中所示修改前/修改后视图可以看到，调整对比度后的照片更富有冲击力和表现力，色彩层次也更丰富了。

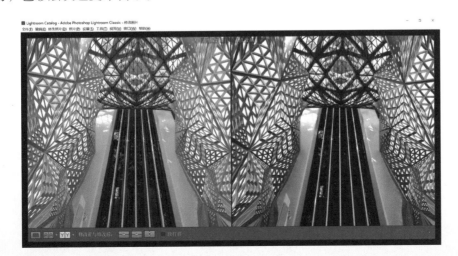

图 3-49

模块 16   快速应用修改设置

在 Lightroom 中，编辑过一幅照片，就可以把这些完全相同的编辑应用到其他照片。例如，我们校正了某个场景中一张照片的白平衡，如果在同样场景中一次性拍摄了多张照片，就可以把相同的调整应用到其他照片。

在"图库"模块中单击一张照片，然后按字母键【D】，转到"修改照片"模块。在"基本"面板中，拖动"曝光度"滑块和"阴影"滑块，直到照片看上去没问题为止（可以在堆叠中看到所做的调整，还可以按下字母键【Y】查看修改前/修改后效果分屏视图，如图 3-50 所示）。这是第一步——校正曝光度、白平衡和其他设置。按字母键【D】转到放大视图。

图 3-50

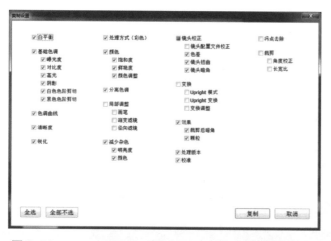

图 3-51

单击左侧面板区域底部的"复制"按钮，弹出"复制设置"对话框（图 3-51）。从中可以选择要从刚才编辑过的照片中复制哪些设置。在默认状态下，Lightroom 会复制许多项设置（许多项复选框都被勾选）。若只想复制几项调整，可单击位于该对话框底部的"全部不选"按钮，然后勾选相应的复选框，并单击"复制"按钮。本例只勾选"白平衡"和"基础色调"复选框（该区域内的所有复选框也将被勾选）。

按字母键【G】转到网格视图，选择

想要应用修改的所有照片。如果想一次性对拍摄的所有照片应用校正，可先按【Ctr】+【A】(Mac：【Command】+【A】)组合键全选所有照片（图3-52）。如果原来的照片被再次选择也没关系。观察网格视图最下面一行，可以发现最后一张照片是被校正的那张。

图3-52

单击"照片"菜单，从"修改照片设置"子菜单中选择"粘贴前面的设置"（图3-53），前面复制的设置就会立即应用到所有被选择的照片上。

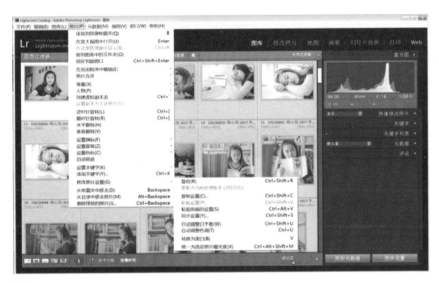

图3-53

小贴士

如果在"修改照片"模块内只需要校正一两张照片，就先校正第一张照片，之后在胶片显示窗格内，移动到需要具有相同设置的另一张照片，并单击右侧面板区域底部的"上一张"按钮，对以前所选照片进行的所有修改就全部应用到了这张照片上。

模块 17 照片的批量编辑和同步

前面介绍了怎样编辑一张照片，复制这些编辑，之后把这些编辑粘贴到其他照片上。Lightroom 有一种称为自动同步的"实时批编辑"功能：选择一组类似的照片，之后对其中一张照片所做的任何编辑将自动实时应用到其他被选择的照片上（不必复制和粘贴）。每次移动滑块，或者进行调整，其他所有照片的设置都随之自动更新。

在"修改照片"模块内，转向胶片显示窗格，单击第一张想要编辑的照片，然后按【Ctrl】（Mac：【Command】）键并单击需要与第一张照片具有相同调整的其他所有照片（图 3-54）。单击的第一张照片将显现在屏幕中。在胶片显示窗格中，这张照片比其他被选中的照片更亮。右侧面板区域底部有两个按钮。左侧为"上一张"按钮，但选中多张照片时，该按钮会变为"同步"按钮（图 3-54 中红色圆圈处）。

图 3-54

若想开启自动同步功能，可单击"同步"按钮左侧的小开关。当它开启时，对第一张片所做的所有调整都会同时自动应用到其他已选照片上。例如，把"阴影"增加到"+52"，大幅减少"白色色阶"和"高光"数值（图 3-55）。做这些修改时，注意观察胶片显示窗格内被选择的照片，它们都得到完全相同的调整，但我们没有执行任何复制和粘贴，或者处理对话框等之类的操作。自动同步功能在关闭该小开关之前，一直保持开启状态。如果是临时使用这一功能，则按【Ctrl】（Mac：【Command】）键，此时"同步"按钮会变为"自动同步"按钮。

图 3-55

小贴士

只有选择了多张照片，才会看到"同步"或"自动同步"按钮。

模块 18　　巧用"上一张"按钮

　　假如花些时间编辑了一张照片后，对效果很满意，在不使用复制和粘贴的情况下，我们可以把相同的设置应用到任意一张照片（可以是胶片显示窗格中的下一张照片，也可以是下方的缩览图之一）。只需单击照片，选择"上一张"按钮，那么上一张被选中照片的所有设置都会应用到当前的照片上。

　　在本例中，原图需要进行一些调整，只需稍微调整曝光，增加清晰度，裁剪照片使其更紧凑即可。这些都是很基础的操作。

　　在"修改照片"模块中，使用裁剪叠加工具（快捷键【R】）来裁剪照片，使照片重点集中到拍摄对象上面。调整了大量的参数后，画面变得生动而具有质感（图 3-56）。

图 3-56

　　前往胶片显示窗格，单击下一张希望应用相同修改的照片。如果它正好位于修改完成的照片的右侧，则只需按键盘上的右箭头键转到下一张照片。

　　接下来只需按下位于右侧面板区域下方的"上一张"按钮（图3-57中红色圆圈处），照片就会应用上一张照片中所有的修改设置。我们可以对胶片显示窗格中其他任意单张照片执行相同的操作。需要特别注意的是，如果单击了某张照片，但是没按"上一张"按钮，此时当前照片就成为设置复制的对象，即"上一张照片"，因为要修改的照片应用的是最终单击的照片的设置。所以若想使用"上一张"按钮，就需要单击已经修改完的照片，这样单击"上一张"按钮才能将编辑操作复制到下一张照片中。

图 3-57

第四章

Lightroom

局
部
编
辑

模块 1　　调整画笔的使用

调整画笔是进行照片局部编辑时常用的工具。下面介绍调整画笔的使用方法。

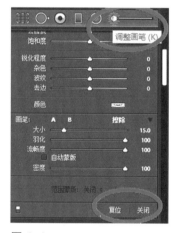

图 4-1

在右侧"修改照片"面板中单击"调整画笔"按钮（图 4-1 上部红色圆圈处），就可以打开调整画笔工具。我们可以按照需求对画笔的各种参数进行设定，到照片中进行涂抹调整。如果要查看应用调整画笔工具前的图片效果，可单击这个面板底部右侧的"复位"按钮来清除画笔调整效果。

在照片下方选中"显示选定的蒙版叠加"复选框（图 4-2），可将画笔调整区域用默认的显示红色蒙版叠加标示在图片中。这样更方便查看和校正遗漏的区域。而"自动蒙版"功能将帮助我们在使用画笔调整工具时，更好地识别物体的边缘，提高画笔的描述精度。"自动蒙版"复选框下方的"密度"滑块能模拟 Photoshop 喷枪的工作方式。

图 4-2

模块 2　　校正阴影和杂色问题

思考

当校正出现在照片特定区域上的问题时，调整画笔工具就会派上大用场，因为你可以通过在这些区域绘制来减少问题。举个例子，当你的照片一部分在阳光下，而另一部分在阴影中时，你只需保持照片其他部分不变，去除阴影部分的噪点（保存模糊区域来降噪）即可。此时使用调整画笔工具就很方便。

实践操作

本例选择的是一张严重逆光的照片。由于拍摄时采用了自动测光，并没有进行曝光补偿，左边的"修改前"照片中，主体人物严重欠曝光，完全呈剪影状（图4-3）。在把"高光"滑块、

"阴影"滑块和"曝光度"滑块充分移动至曝光正确的位置后，我们可以看到大量的杂色。杂色通常隐藏在阴影当中，有时彻底亮化阴影区域。画面中的任何杂色都会表现得相当明显，红、绿、蓝色噪点亟待去除。

图 4-3

为何不使用 Lightroom 中常规的降噪控件呢？因为调整效果会均衡地应用于整张照片中——在去除杂色的同时，相应地柔化整个画面。使用调整画笔工具只减少人物杂色，而保留其他部分（更明亮的区域杂色不明显）的清晰度和原貌，从而得到只有人物变得柔和，而其他区域不受影响的画面。选择调整画笔工具，然后单击"效果"，选择"杂色"，此时默认"数量"为"40"（图4-4）。把"数量"滑块拖动到接近最右端的位置，然后用画笔描绘去除杂色。

图 4-4

模块 3　　修饰肖像

在 Lightroom 中，我们可以使用调整画笔和污点去除工具，连同全新的修复功能来完成快速修饰。本例将介绍如何使用这两种工具对人像照片进行快速修饰。

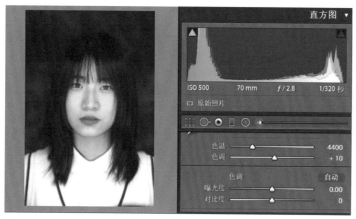

图 4-5

我们先要对图 4-5 中的这张照片做以下调整：① 去除所有主要斑点、痘痕和皱纹；② 柔化模特皮肤；③ 加亮模特的眼白；④ 提高眼睛对比度并锐化；⑤ 为她的头发加一些高光。

把视图放大到 1∶4（在"导航器"面板顶部右侧选择缩放尺寸。可以选择适合屏幕大小的尺寸），以方便观察和修正。选择污点去除工具（在右侧面板中直方图下面的工具箱内，也可以直接按字母键【Q】）。使用该工具前请先调整污点去除画笔的大小，使画笔足够覆盖污点（这个案例里的污点是模特的痘痕）。将画笔光标移动到污点上并单击，第二个圆圈就会出现（图 4-6），表示此处作为清洁的皮肤质感的样本。如果感觉作为样本的区域也存在瑕疵，则只需要单击第二个圆圈，将其拖动到更适合采样的区域，样本就会自动更新。

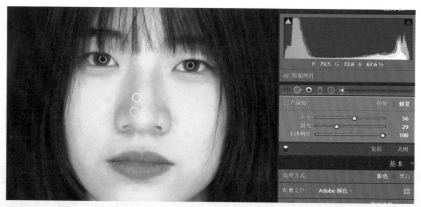

图 4-6

下面去除眼睛下方的细纹，将眼袋淡化。放大照片（本例选择 1：1 视图），让操作更精细。然后选取刚才用过的污点去除工具（确保将其设置为"修复"），在模特右眼下方的皱纹上画一

条线（图4-7）。绘图的区域将变成白色，这样就能清楚地看到将要修复的区域。Lightroom 会分析该区域，并在其他地方选取一个清洁的样本，用以修复皱纹。通常会选取附近的某处。我们可以将选取的样本拖动到质感和色调更匹配的区域。并且，不要忘记去除另一只眼睛下面的皱纹。

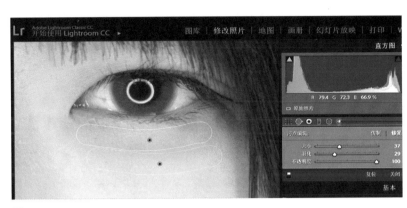

图 4-7

如果拍摄对象上了年纪，去除所有皱纹变得不现实时，我们将采取减少皱纹的方法来代替，所以会降低不透明度以减弱污点去除的力度，补回部分原始皱纹。

污点和皱纹都去除后，我们就要进行皮肤柔化。选择调整画笔工具（同样在右侧面板中直方图下方的工具箱内，也可以直接按字母键【K】），然后从"效果"下拉菜单中选择"柔化皮肤"（图4-8）。在模特脸上绘图时，要小心避开不希望柔化的区域，如睫

图 4-8

毛、眉毛、嘴唇、鼻孔、头发和面部边缘等。我们将"清晰度"设为"-100"来实现皮肤柔化，但是在完成柔化后，我们还需要调整"清晰度"数值以显示皮肤的细节，避免照片失去韵味。

我们现在来处理模特的眼睛，首先要使眼白更亮。单击"调整画笔"面板右上侧的"新建"按钮，此时将在上一次操作的基础上新建一层蒙版进行操作。现在，将"曝光度"滑块向右拖动到"+1"档（可以根据实际情况适当增减），然后在模特眼白上绘图。如果不小心画到眼白之外，只需要按住【Alt】键转到擦除工具，将所有溢出擦除（为了避免此类情况，建议打开自动蒙版，将画笔调小，羽化值也不建议设置得太高）。在另一只眼睛上进行相同的操作后，根据需要调整曝光度，使变白的效果更加自然。接下来，我们要加亮模特的虹膜。单击"新建"按钮，把"曝光度"增加到"0.50"，对两个虹膜进行涂抹，然后把"对比度"滑块拖曳至"30"（图4-9）。最后，为确保眼睛明亮有神，我们需要把"锐化程度"滑块拖曳至"22"，让虹膜更亮。

图 4-9

图 4-10

再次单击"新建"按钮,准备增加模特头发的亮度。首先将所有滑块复位归零,然后将曝光度增加一点点,再涂抹高光区域来突显它。(图 4-10)

我们还需要对模特进行瘦身操作,进入"变换"面板,然后向右拖动"长宽比"滑块,并打开"锁定裁剪"功能(图 4-11 中红色圆圈处),确保照片比例不变。这样做会使照片变窄,给人带来即刻瘦身的效果。修改前和修改后的对比图如图 4-11 所示。在修改后的照片中,模特的皮肤更加清爽润滑,眼睛更加明亮,对比更强烈,锐度更高,头发的亮度增加了,脸也瘦了。

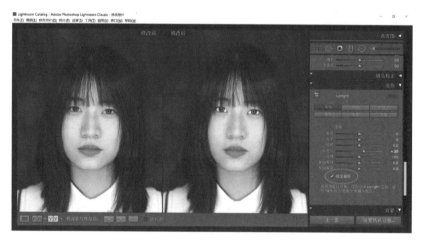

图 4-11

小贴士

若只想看到当前选中的编辑标记,请在预览区域下方工具栏的"显示编辑标记"下拉菜单中选择"选定"。

模块 4　　渐变滤镜校正

思考

渐变滤镜能够重现传统的中灰渐变滤镜（就是上部暗，向下逐渐变为完全透明的玻璃或树脂滤镜）效果。这种效果在风光摄影师中很流行，要么使前景获得准确的曝光，要么使天空获得准确的曝光，无法同时兼顾二者。然而，Lightroom 的这一功能可以使我们获得比仅用中灰渐变滤镜更好的效果。

实践操作

选择位于右侧面板区域顶部工具箱内的渐变滤镜工具（调整画笔左边第二个图标，或者按快捷键【M】）。在其上单击时，将显示出一组与调整画笔效果选项类似的选项。在这里将复制传统中灰渐变滤镜效果，使天空变暗。先从"效果"下拉菜单内选择"曝光度"，然后将"曝光度"滑块向左拖动到"–1.22"（图4–12）。就像调整画笔工具一样，这里也要先估计渐变所需的变暗程度，之后再进行调整。

按住【Shift】键，在照片顶部中央单击并直接往下拖动（图4–13），直到接近照片的中央位置为止（即地平线。你可以看到天空的变暗效果，照片看起来也平

图 4–12

图 4–13

117

衡多了）。如果正确曝光的前景开始变暗，则需要在到达地平线之前停止拖动。按住【Shift】
键是为了在拖动鼠标时保持水平，不按【Shift】键则将允许在任意方向拖动渐变。

编辑标记显示渐变的中央位置。在这个例子中，天空停止渐变的位置可以再稍稍往下
移一点（可以在事后重新调整）。只需单击该编辑标记并向下拖动，就可以使整个渐变向
下移动。我们可以向同样的区域添加其他效果，例如，把"饱和度"增加到"50"，使照
片看起来更有冲击力，之后将曝光度降低到"-1.44"。（图 4-14）

图 4-14

修改前与修改后的效果如图 4-15 所示。如果天空比较灰，我们可以通过单击面板底部的
"颜色"色板，选择蓝色调，为天空增加一点蓝色。

图 4-15

小贴士

若要删除渐变，请在相应的编辑标记上单击，再按【Backspace】（Mac:【Delete】）键。

　　如果渐变滤镜作用在不想改变的区域，我们就需要花点时间来解决这个问题。本例想暗化天空，增加饱和度，并让天空渐变至透明，但滤镜同时令风铃上半部分变暗了，而且色彩也更加饱和。我们可以编辑渐变梯度来去除风铃上部区域的滤镜效果。在选中渐变滤镜图标后，在工具栏右下方的"蒙版"区域单击"画笔"选项卡，如图 4-16 所示。在展开的"画笔"区域单击"擦除"，然后绘制风铃上半部分，这样可以去除所描绘区域的暗度和饱和度（图 4-17）。这种方法的描绘规则与常规的调整画笔的使用方法相同（按字母键【O】可以查看所绘制的蒙版，也可以改变画笔的羽化值）。操作时应放大观察，慢慢地擦除才能获得出色的效果。

图 4-16

图 4-17

模块 5　　　用径向滤镜模拟暗角和聚光灯特效

近几年，为照片添加暗角效果（暗化图像的外边缘）变得非常流行。我们可以用"效果"面板来应用暗角，不仅可以在照片中任意位置创建暗角，还可以不再局限于暗化，通过创建多个暗角来重新亮化图像。

图 4-18

图 4-19

观众的注意力首先会被照片中最亮的部分吸引。但在图 4-18 所示的这张照片中，光线非常平均。我们要使用径向滤镜工具重新给场景布光，使观众的注意力集中到孩子身上。单击右侧面板区域顶部工具箱中的"径向滤镜"按钮（如图 4-18 中红色圆圈处所示，或者直接按【Shift】+【M】组合键）。

单击并拖动径向滤镜工具，按照希望的方向来绘制椭圆（或圆形）区域。如果它不在所希望的地方，只需要在椭圆内单击，然后将其拖动到任意满意的地方即可（图 4-19）。

小贴士

如果需要用径向滤镜工具创建一个圆形，请按住【Shift】键。如果按住【Ctrl】（Mac：【Command】）键并在照片任意位置双击，则会创建一个最大的椭圆（当希望创建一个对整幅照片产生影响的区域时能用到它）。

　　本例希望将注意力集中在孩子身上，所以会暗化围绕孩子的区域。向左拖动"曝光度"滑块，暗化椭圆外面的所有区域（图4-20），椭圆内的区域则保持不变。这相当于在孩子身上创建了类似聚光灯一样的效果。较亮的区域和较暗的区域之间的过渡非常自然。在默认情况下，椭圆形的边缘已经被羽化（柔化），以创建较为自然平滑的过渡效果（羽化值被设为50。如果想要一个更生硬或者更突然的过渡，只需调整面板底部的"羽化"滑块来降低其数值）。

图 4-20

小贴士

　　如果想移除创建的椭圆，可以在其上单击，然后按【Backspace】（Mac：【Delete】）键。

　　椭圆就位后，我们可以通过在椭圆外移动光标来旋转图形［如图4-21所示，椭圆稍微向右旋转了。可以旋转的区域非常小，所以请确保光标非常接近椭圆边缘，并且确保在开始拖动旋转时光标变成双箭头形状，否则将创建另一个椭圆。如果创建了，可按【Ctrl】+Z（Mac：【Command】+【Z】）组合键来移除多余的椭圆］。若想重新调整椭圆尺寸，只需要抓取椭圆上4个柄之一，向外或向内拖动。这个滤镜的优点是调整不只局限于曝光度。

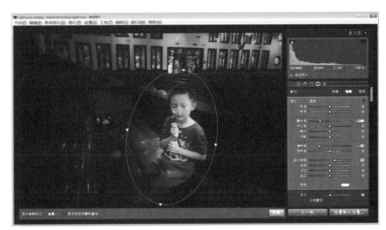

图 4-21

　　我们再来创建另一个椭圆。这次是帮助隐藏照片上部较亮的区域。将径向滤镜工具移动到该区域，单击并拖动以绘制出图4-22所示尺寸的椭圆。在默认状态下，受到影响的是椭圆外面的区域。我们也可以将滑块产生的影响切换到椭圆内，只需勾选面板底部的"反相蒙版"复选框（图4-22中红色圆圈处）。移动滑块将影响椭圆内区域的亮度，而椭圆外的区域保持不变。

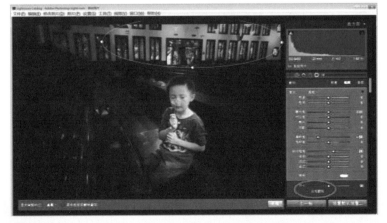

图 4-22

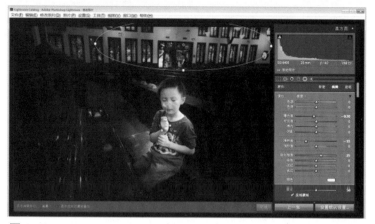

图 4-23

图 4-24

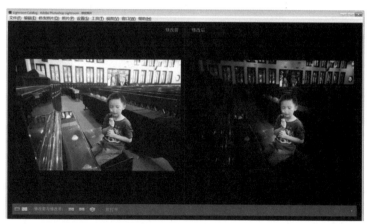

图 4-25

向左拖动"曝光度"滑块至"–0.50",直到椭圆内部区域变得足够暗(图4-23),以产生类似融合的效果(不会将视线吸引过去)。如果现在查看孩子,会发现在孩子的胸前有一个灰色的编辑标记,这代表放在那儿的第一个椭圆(暗化背景的椭圆)。如果想对该椭圆做任何调整,只需在灰色标记上单击,让它变成激活状态。

我们也可以在一个椭圆内创建另一个椭圆。在这里创建一个反向的椭圆(椭圆内部区域受影响),可以根据之前的椭圆创建副本。按住【Ctrl】+【Alt】(Mac:【Command】+【Option】)组合键,然后在创建的第二个椭圆中央单击并拖动,将会创建第三个椭圆。将该椭圆放在孩子脸部(图4-24),并缩小其尺寸,旋转将其调正。要使其脸更亮一点,可将"曝光度"滑块向右拖曳到"0.44",只影响人物的脸部。再次按住【Ctrl】+【Alt】(Mac:【Command】+【Option】)组合键,将新椭圆向下移动到孩子的花束上。对于椭圆,将"高光"滑块向右拖曳到"0.16"来稍微加亮这个区域。修改前与修改后的对比效果如图4-25所示。

模块 6　　虚拟副本的创建

思考

有时，我们会想对同一张照片做不同的处理，然后比较一下处理的效果。感到棘手的是：每次想尝试不同效果时必须复制高分辨率文件，但这会无端占用大量的硬盘空间和内存。此时，创建虚拟副本就可以帮助我们解决这个难题。它不会占用硬盘空间，因此我们可以轻松尝试不同的调整效果。

实践操作

创建虚拟副本的方法：用鼠标右键单击原始照片，从弹出的菜单中选择"创建虚拟副本"（图 4-26），或者使用【Ctrl】+【 ' 】（Mac：【Command】+【 ' 】）组合键。虚拟副本看起来与原始照片完全相同。我们可以像编辑原始照片一样编辑它，但它并不是真正的文件，只是一套指令，因此不会增加真正文件的大小。这样我们就可以创建多个虚拟副本，尝试想要执行的操作，而不会占用硬盘空间。

无论是在网格视图内，还是在胶片显示窗格内，虚拟副本图像缩览图的左下角都会显示一个翻页图标（图 4-27 中红色圆圈处），所以创建虚拟副本时，我们都能知道哪张照片是副本。创建虚拟副本后，我们可以转到"修改照片"模块，进行想做的任何调整。本例增加了虚拟副本的曝光度、对比度、阴影、清晰度和鲜艳度，大幅降低了饱和度。回到网格视图时，就会看到原来的照片和编辑后的虚拟副本。

我们可以尝试为原始照片创建多个虚拟副本并做相应的调整我们先单击第一个虚拟副本，之后按【Ctrl】+【 ' 】（Mac：【Command】+【 ' 】）组合键创建另一个虚拟副本，再转到"修改照片"模块，对第二个虚拟副本做一些

图 4-26

图 4-27

调整。这里修改了白平衡，大量增加了黄色和洋红色，把色温设置为 5 200 K，将鲜艳度大幅提高。此外还稍微降低了一点曝光度，让天空更蓝，色彩对比更明显（图 4-28）。为了进一步调整白平衡、曝光度和鲜艳度设置，我们还要创建更多的虚拟副本。

图 4-28

注意：创建虚拟副本并调整后，可以单击右侧面板区域底部的"复位"按钮，使其恢复到未编辑时的效果。同时请注意，不必每次都跳回到网格视图创建虚拟副本，在"修改照片"模块内使用快捷键同样有效。

如果想一起比较所有试验版本，可转到网格视图，选择原始照片及所有虚拟副本，之后按键盘上的字母键【N】进入筛选视图（图 4-29）。找到自己真正喜欢的版本后，可以只保留它，删除其他虚拟副本。

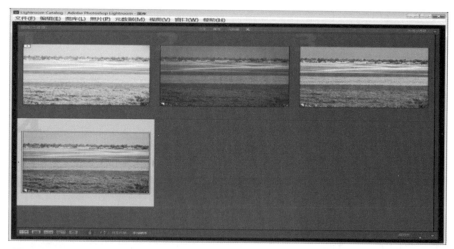

图 4-29

注意：要删除虚拟副本，请单击选中它，再按【Backspace】（Mac:【Delete】）键，然后单击对话框中的"移去"按钮。如果选择把这个虚拟副本转到 Photoshop 或者把它导出为 JPEG 或 TIFF 文件，Lightroom 会使用已经应用到虚拟副本的设置创建一个真正的副本。

模块 7　RGB 曲线的便捷用法

思考

尽管曲线工具已经在 Lightroom 中存在一段时间了，但是 Lightroom CC 是第一个允许单独调整红、绿、蓝通道的版本（就像 Photoshop 那样）。这对于某些调修任务来说非常便捷，比如通过调整单个颜色通道来修复白平衡问题，或者创建交叉处理效果（在时尚和美术摄影中非常流行）。本例将介绍这两种调整的具体操作过程。

实践操作

由于前期拍摄过程中采用的灯光设置问题，这张人像照片中模特面部皮肤和头发部分有偏红的现象。进入"色调曲线"面板，单击"点曲线"按钮，从通道下拉菜单中选择希望进行调整的某个颜色通道（如图 4-30 所示。选择"红色"通道，以帮助去除人物皮肤和头发上的偏色）。此时，曲线信息只和红色有关。

调整曲线哪一部分可以去除照片偏红的问题呢？我们可以从"色调曲线"面板左上角选取目标调整工具（图 4-31 中"色调曲线"面板左上方红色圆圈处），然后将其移动到希望调整的区域上。在这个例子中，将其移动到模特面部。移动光标时，会在曲线上看到一个点。单击鼠标，将在曲线上添加一个点，这对应着希望调整的区域，也就是面部。选中新的曲线点（图 4-31 中"色调曲线"面板左下方红色圆圈处），把它朝着右下角 45° 的方向拖动，可修正模特皮肤偏红的问题。同样，我们可以直接在头发上单击，找到对应点（图 4-31 中"色调曲线"面板中间偏右红色圆圈处），然后向下拖动鼠标，即会改善发色偏红的问题。

图 4-30

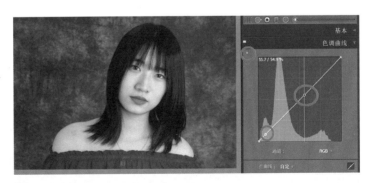
图 4-31

模块 8　　调整色彩

　　若仅需要对照片中的某一种颜色做调整，例如想让所有红色变得更红，或者天空中的蓝色变得更蓝，或者希望完全改变某种颜色时，则使用 HSL 面板［HSL 代表 Hue（色相）、Saturation（饱和度）和 Luminance（明亮度）］可以实现。这个面板便捷好用，调整起来非常简单。

　　想要调整某个颜色区域时，请在右侧面板区域内向下滚动到"HSL/ 颜色"面板。单击"HSL"按钮，显示出该面板的 4 个选项卡："色相""饱和度""明亮度""全部"。我们可以通过移动"色相"下的滑块把现有颜色修改为另一种不同的颜色。例如，单击"黄色"滑块，把它拖动到"+80"，画面中原有的黄色就偏向绿色了。这时我们观察画面的变化，会发现原本画面中黄色的油菜花，已经变成绿色（图 4-32）。

图 4-32

　　如果将"黄色"滑块拖到最右侧，绿色滑块向左拖到"+50"，那么不但原本黄色的油菜花变成了绿色，前景部分原本的绿色植物也绿得更纯粹了，连远处房屋屋檐原本的些许黄色也变成了绿色。

　　如果这时还想让绿色更加鲜艳明亮，就可以先单击面板顶部的"饱和度"选项卡。现在，所有滑块只控制图片中的饱和度。将"绿色"滑块拖到最右端，"紫色"滑块稍微向右拖动一点，整个画面中的绿色就已经接近了峰值，而紫色的饱和度也明显提升。（图 4-33）通过这个案例，我们知道想要调什么色彩，则可以只单击并拖动相应滑块。如果不确定想要调整的区域由哪些颜色构成，则可以使用目标调整工具（与我们在"色调曲线"面板内使用的目标调整工具相同）。

　　下面我们来探讨明亮度对色彩的影响。若想改变色彩的亮度，单击面板顶部的"明亮度"选

图 4-33

项卡。要使天空变蓝，只需选择目标调整工具，并垂直向下拖动。此时天空渐渐有了蓝色，并渐渐变深、变浓艳。我们可以发现，浅绿色和蓝色的明亮度大幅降低（图 4-34）。如果想要加强某种颜色，在不改变色相的基础上，可以适当提升饱和度，降低明亮度。

　　最后要介绍的是"HSL"边上的"颜色"选项卡。单击"颜色"按钮，可以发现其功能和"HSL"一样，只是将所有颜色分块放在一个长长的列表内。"颜色"选项卡调整的核心仍然是色相、饱和度和明亮度。

图 4-34

模块 9　　添加暗角效果

边缘暗角特效能使照片所有边缘变暗，以便将注意力吸引到照片中央。本例将探讨怎样应用简单的暗角特效，使照片经裁剪后仍显示暗角（称为"裁剪后暗角"），并且还会介绍如何添加其他的暗角效果。

图 4-35 所示是一张没有暗角的原始照片。要添加边缘暗角效果，请转到右侧面板区域，向下滚动到"镜头校正"面板。它之所以位于"镜头校正"面板，是因为有些特殊的镜头会将照片边缘变暗。在这种情况下，我们需要在"镜头校正"面板中校正这一问题，使用该面板内的控件使边角变亮。少量的边缘变暗会使照片观感变差，但如果有意添加大量的暗角，会让照片变得与众不同。

这里先从常规全尺寸照片暗角开始介绍。单击面板顶部的"手动"选项卡，然后将"暗角"区域的"数量"滑块一直拖动到最左端（图 4-36）。该滑块控制照片边缘变暗的程度。"中点"滑块控制暗部的边缘向照片中央扩展多远。把它拖远一点，可以创建出良好、柔和的聚光效果。在这种效果下，边缘暗、主体亮度适中，能吸引观众的注意力。

现在的处理效果还不错，但在裁剪照片时会遇到使边缘暗角消失的问题。为解决

图 4-35

图 4-36

这个问题，Lightroom 添加了一个称为"裁剪后暗角"的控件，用于裁剪后添加暗角特效。转到"效果"面板，在面板顶部将看到"裁剪后暗角"控件。在使用该控件前，先将镜头暗角的"数量"滑块复位至"0"（图4-37），以免在原先就添加了暗角效果的照片上进行裁剪后暗角处理。

图 4-37

位于"效果"面板顶部的"样式"下拉菜单中有三个选项，分别是"高光优先"、"颜色优先"及"绘画叠加"。其中，"高光优先"（图4-38）的处理效果和常规暗角控件的处理效果更接近，会使照片的边缘变得更暗，颜色出现轻微的偏差，看起来更加饱和。该选项的取名来自它尽量保持高光不变，因此如果照片边缘附近存在一些明亮的区域，它们的亮度也不会有太大的变化。本例中将照片的边缘调整得很暗，目的是能清楚地看到裁剪后照片的效果。"颜色优先"样式更注重保持边缘周围色彩的精度，因此照片边缘会变得有点暗，但色彩不会变得更饱和，并且"颜色优先"样式的效果不如"高光优先"样式的效果那样暗。使用"绘画叠加"样式得到的效果与 Lightroom 中的裁剪后暗角效果相同，它只是将边缘描绘为暗灰色。

图 4-38

接下来的两个滑块可以让添加的暗角效果看上去更真实。"圆度"滑块控制暗角的圆度。知道它的作用之后，尝试将"圆度"保留为0，然后将"羽化"滑块一直拖到最左端（图4-39）。照片中创建出了一个非常清晰的椭圆形（实际上我们不会在实际操作中使用这样的效果，但它能帮我们理解此滑块的实际作用）。

图 4-39

　　使用"羽化"滑块控制椭圆边缘的柔和度。向右拖动该滑块将使暗角更柔和，且显得更自然。在本例中，单击"羽化"滑块，并把其拖动到"57"（图4-40），可以看到上一步中的椭圆边缘变得非常柔和。使用暗角控件使边缘区域变暗时，面板底部的"高光"滑块用于帮助保留该区域的高光。将其向右拖动得越远，高光保留得就越多。仅当"样式"设置为"高光优先"或"颜色优先"时，"高光"滑块才可以使用。

图 4-40

模块 10　创建黑白照片

在摄影技术发展的初期，黑白照曾是摄影作品唯一的存在方式。即使彩色摄影技术和后期调色技术日益发展，黑白照依然有着独特的魅力。它会弱化颜色之间的对比，更单纯地展现明度和亮度。在很多场景下其表现力都会超过彩色照片。

实践操作

在"图库"模块中，找出一张希望转换成黑白的照片，从"照片"菜单中选择"创建虚拟副本"选项（图4-41），来创建一个虚拟副本（创建虚拟副本后，可以非常方便地比较自己动手操作和 Lightroom 自动转换两种不同方法创建黑白照片的效果）。按【Ctrl】+【D】（Mac：【Command】+【D】）组合键取消选择虚拟副本，前往胶片显示窗格，并选中原始照片。

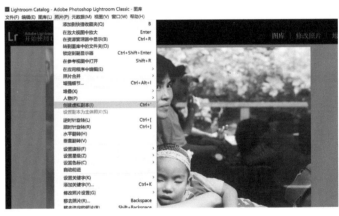

图 4-41

现在按字母键【D】进入"修改照片"模块。

①第一种方式：运用"基本"面板，自动创建黑白照片。

我们切换到之前创建的虚拟副本，前往"基本"面板，在顶部"处理方式"区域单击"黑白"（图4-42），就会得到一张转换后的黑白照片（在默认情况下，其转换效果非常一般）。若希望创建具有高对比度的黑白照

图 4-42

片，要做的第一件事情就是确保从照片中获取所有高光，所以请将"白色色阶"滑块向右大幅拖动，直到出现高光剪切警告（在直方图的右上角）才停止拖动。下一步，将"高光"滑块向左稍微拖动，直到显示高光剪切三角形图标变为灰色。

图 4-43

图 4-44

图 4-45

图 4-46

将"黑色色阶"滑块向左拖动，直到照片看起来不那么平淡、曝光过度，然后提高对比度。有些人认为不能让照片的任何一部分变成纯黑色，即使是非关键、缺乏细节的区域，比如石块下的阴影，但一般人对高对比度转换的评价比对保留阴影中全部细节的评价高。模特的面部有点儿亮，所以将曝光度稍微降低一点。整体效果如图 4-43 所示。

想要创建高对比度的黑白照片，可以大幅向右拖动"清晰度"滑块，但是要注意配合观察直方图，不要导致暗部溢出（本例中，将"清晰度"设为"+32"）。这样可以给中间调添加更多对比，使得整个照片更具冲击力，并极富吸引力。效果如图 4-44 所示。

最后一步是给照片添加锐化效果。这是肖像照片，所以最简单的事情是转到左侧面板区域，在"预设"面板的 Lightroom 常规预设下选择"锐化"。默认预设中有四档效果可以选择。也可以通过右侧的"细节"面板对锐化"数量"和"半径"进行进一步的调整（图 4-45）。这样整个手动黑白调整就可以完成了。

② 第二种方式：运用 Lightroom 默认的黑白预设，根据自己想要的效果选择一款预设进行自动黑白调整。

我们在左侧的"预设"面板下选择"黑白"，然后根据需求选择"黑白 高对比度"，得到预设中的效果（图 4-46）。

完成转换后还有一件事情需要知道，即如何调整黑白照片中的单独区域。例如，假设希望照片中那位女士的衣服更暗一些，就可以在"色调曲线"面板中单击目标调整工具（图 4-47 中红色圆圈处），然后单击模特的衣服并垂直向下拖动。尽管现在照片是黑白的，但目标调整工具能自动分析选取目标的色彩组成。

图 4-47

　　最后，我们可以对比一下效果（图 4-48）。左侧图片为直接使用系统内置预设的高对比度黑白效果，而右侧图片为手动调整的结果。从效果上看，手动调整通常能做到更精细的控制。

图 4-48

模块 11　　色调分离的使用方法

色调分离是 Lightroom 中一项非常酷炫的功能，可以在高光部分和阴影部分增加更多的色彩，将有丰富色阶渐变的颜色简化为两三种纯色。

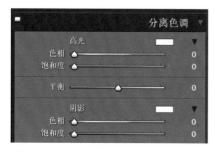

图 4-49

首先，在 Lightroom 的"修改照片"模块中找到屏幕右侧的"分离色调"面板（图 4-49）。其下共有 5 个滑块。有两个滑块用于"高光"，有两个滑块用于"阴影"，还有一个滑块用于"平衡"。用于"高光"的滑块将影响照片的明亮区域，用于"阴影"的滑块会影响黑暗区域，"平衡"滑块用于影响色调更偏向于高光或阴影。"高光"和"阴影"都有一个用于"色相"的滑块和一个用于"饱和度"的滑块。"色相"滑块决定使用什么颜色，"饱和度"滑块则决定了颜色的强度。

我们以一张湖边的夕阳照片为例（图 4-50）。首先调整"高光"的"色相"滑块。将"饱和度"设置为"0"时，我们并不会注意到对"色相"滑块做出的任何更改。因此，我们可以先增加"饱和度"。或者在滑动"色相"滑块时按住【Alt】键，此时系统会模拟设置"饱和度"为 100%，方便用户观察色彩变化（这是查看适合颜色的好方法）。选定颜色后再调整饱和度。

图 4-50

如果想重新开始,可按住【Alt】(Mac:【Option】)键,这时"分离色调"面板中的"高光""阴影"字样会变成"复位高光""复位阴影"。单击它,即可复位到对应参数的默认状态。

在这里我们想加强夕阳的橙红色色调,而在水面增加一些蓝色色调。我们可以在"高光"和"阴影"区域加入偏蓝色的色调,然后调整两者的饱和度(图4-51)。

图 4-51

如果调整"平衡"滑块,则会相应地影响分离色调。如果将其移动到右侧,高光调色将比阴影更明显。

当将"平衡"设置为"+50"时,高光色调覆盖将展现得更明显(图4-52),有部分橙红色色调在水面的高光区域压过了水面原有的蓝色色调,甚至阴影区域都有些许橙红色色调。你确定了某种色调之后,如果喜欢的话,可前往"预设"面板,单击面板标题右上角的"+"(加号)按钮,将它保存为预设。

图 4-52

想要轻松查看所选择的着色颜色,可按住【Alt】(Mac:【Option】)键,并拖动"色相"滑块。这时你会看到色彩着色的临时预览效果,好像将饱和度调到100%时一样。

135

模块 12　　创建自己的预设并使用

Lightroom 中有大量的内置修改照片模块预设，我们可以直接将它们应用到任意照片中。这些预设位于左侧面板区域内的"预设"面板中。"预设"面板包含 8 个不同的预设收藏夹：7 个内置预设收藏夹和 1 个用户预设收藏夹（用来储存用户创建的预设）。这些预设会节省大量时间。本节将介绍如何使用它们，并介绍如何创建属于自己的预设。

我们首先转到"预设"面板（位于左侧面板区域内），看一看内置预设。查看其中的内置预设收藏夹，就会发现 Adobe 公司命名这些内置预设是按照预设的类型，在其名称前冠以前缀。举个例子，在 Lightroom 效果预设中，你会找到"颗粒"预设，其中有"无""亮""中""较多"4 种选择（图 4-53）。

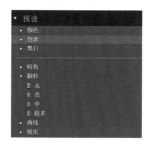

图 4-53

小贴士

若要重命名创建的预设（用户预设），只需用鼠标右键单击该预设，并从弹出的菜单中选择"重命名"。

只要把光标悬停在"预设"面板内的预设上，即可以在"导航器"面板内看到这些预设的预览效果。如图 4-54 所示，把光标悬停在"黑白"预设下的"黑白风景"预设上，在左侧面板区域顶部的"导航器"面板内就可以看到将这种预设应用到照片上时的预览效果。

图 4-54

　　要实际应用其中一种预设，只需单击选择它即可。在本例中，进入 Lightroom "黑白"预设收藏夹，单击"黑白风景"预设后得到的黑白效果如图 4-55 所示。在应用预设后，如果还想对照片进行调整，只需要到"基本"面板中拖动相应的滑块即可。在本例中，我们将原片"曝光度"增加到"+0.50"，并且把预设中的"高光"值降低，以便稍微压暗天空；增加"阴影"，增加"白色色阶"和"黑白色阶"，大幅增加"对比度"，让画面更有冲击力，色彩更浓郁；把"清晰度"调高，让照片看起来更清楚；运用渐变滤镜压暗天空，调整画面中蓝色的饱和度。这样达到了一个理想的状态。如果想把刚刚那些复杂的操作都保存为一个用户预设，就可以单击"预设"面板左上角的"+"，选择"创建预设"（图 4-56），在弹出的对话框中输入预设的名称。这个名称建议命名为你自己觉得能概括特点并容易辨识的名称，比如在本例中我们将其命名为"碧海蓝天"（图 4-57），那么将来再处理这类海天一色场景的图片时，便能够使用这个预设来快速处理照片。所有的预设都可以进行重命名、导入和导出等，操作方便。

图 4-56

图 4-57

图 4-58

如果要对预设中的某些参数进行重新调整，比如在本例中，将"曝光度"从原来的"+0.50"增加到"+1.00"，只需要在做完相应操作后，用鼠标右键选择用户预设中的"碧海蓝天"预设，选择"使用当前设置更新"（图4-58）即可。

模块 13　　拼接全景照片

思 考

在镜头不够广或者需要表现广阔画面的时候，我们通常可以选择拍摄一组照片之后进行拼接来制作全景照片。我们可以使用 Lightroom 把多张照片拼接为一张很宽或很长的照片，而不必再转入 Photoshop 进行操作。与 Photoshop 相比，Lightroom 的拼接方式能更快、更便捷地完成操作。下面介绍一下如何进行全景照片拼接操作。

实践操作

我们先在"图库"模块中选择想要将其拼接成全景照片的照片（此次合并的案例照片一共有 8 张），然后在"照片"菜单的"照片合并"子菜单下选择"全景图"（图 4-59），或者也可以直接按【Alt】+【M】组合键。

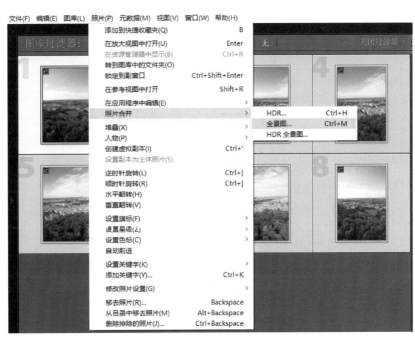

图 4-59

在打开的"全景合并预览"对话框中我们可以查看创建后的全景图预览。此外，还可以通过拖动预览框的边缘来把它更改为喜欢的尺寸。

合并后的全景照如图 4-60 所示。照片上有部分白色区域，这是因为拼接过程中有镜头畸变，从而导致画面不完整。全景图右侧的选项中有一个可以裁剪由于拼接多张照片而产生的白色空隙的选项，即"自动裁剪"复选框。如果想手动裁剪照片，只需不勾选该复选框即可。我们也可以勾选该复选框，在全景照拼接完成后，在"修改照片"模块中单击裁剪叠加工具，显示出被裁减掉的区域，以便再次调整。

图 4-60

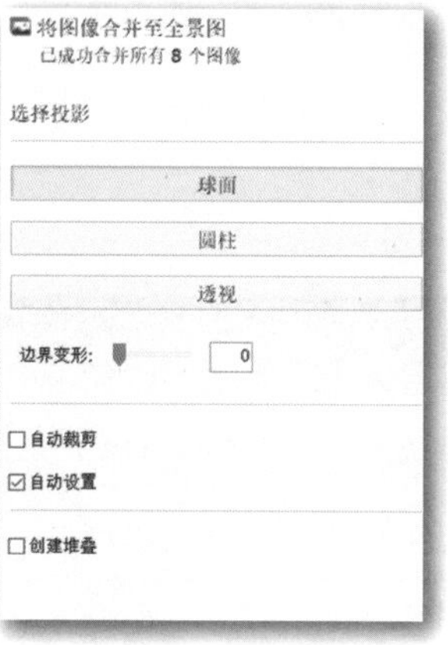

图 4-61

全景合并预览对话框中有三个投影选项可供选择（图 4-61）。一般来说，笔者倾向于选择"球面"或者保持"自动设置"复选框在勾选状态。下面来介绍一下这三个选项："透视"会假定拼接照片中最中间的那张为焦点，以其为中心，让其他照片的扭曲、变形、弯折等各类镜头畸变的修正效果与之匹配。"圆柱"可能是真实宽画幅全景照表现力最好的，它能保证所有拼接照片的高度一致。"球面"可以拼接 360° 全景照。

调整好预览效果之后，单击"合并"按钮，Lightroom 就会开始后台渲染工作。这项工作运算量非常大。如果照片原本就是高分辨率的 DNG 格式文件，渲染通常需要几分钟。最终的合并照将出现在合并前照片所在的收藏夹中，并存储为 DNG（RAW）格式文件。之后我们可以继续对全景照进行常规的编辑。

注意：创建好全景照后，Lightroom 还会在照片文件名最后加上"Pano"字样（图 4-62）。

图 4-62

第五章

Lightroom

处理照片中的瑕疵

模块 1   减少杂色

思考

在高感光度或者低光照下拍摄可能会导致照片内出现杂色。这样的杂色可能是亮度杂色（照片上随处可见的明显的颗粒，特别是在阴影区），也可能是色度杂色（红、绿、蓝斑点）。Lightroom 以前版本中的杂色消除功能有点弱，但在 Lightroom 3 中，Adobe 公司对减少杂色功能做了彻底改造。现在的版本不仅功能更强大，而且比之前的版本保留了更多的锐度和细节。

实践操作

要减少图 5-1 所示照片中的杂色，可转到"修改照片"模块的"细节"面板的"减少杂色"部分。为了方便更清楚地看到杂色，我们先缩放到 1：1 视图。

图 5-1

我们通常先从减少色度杂色入手。先将"颜色"滑块设为 0，然后慢慢向右拖动。一旦色度杂色消失就停止拖动。在本例中，我们将"颜色"值设置为 49~100（图 5-2）时不会再有明显的效果改善。"细节"滑块主要控制照片边缘受减少杂色处理影响的程度。将其向右拖动较多，将很好地保护边缘区域的颜色细节，但存在出现色斑的风险。如果将该设置值保持很低的数值，就能避免色斑，但可能导致一些颜色溢出。那么，应该将"细节"滑块拖动到什么位置呢？我们可先观察照片中的某个彩色区域，并尝试两种极端调整。然后根据自己的要求设置"细节"值。"颜色"滑块自身能够创建出明显不同的效果。

图 5-2

现在色度杂色已经消除，但照片看起来充满颗粒。向右拖动"明亮度"滑块，直到杂色大幅减少为止。"明亮度"滑块下方的"细节"滑块和"对比度"滑块还可以进一步控制处理效果。"细节"滑块有助于处理严重模糊的图像。若照片现在看起来有点儿模糊，我们可向右拖动"细节"滑块，但这可能会导致杂色增加。如果希望得到干净的效果，可将"细节"滑块向左拖动，但是会牺牲一些细节。图像要么具有干净的效果，要么具有大量锐化的细节，要二者兼顾有点困难。

"对比度"滑块会使杂色严重的照片产生截然不同的效果，它也有其自己的取舍。向右拖动"对比度"滑块将保护照片的对比度，但可能会导致一些斑点状的区域出现。如果向左拖动该滑块可以得到更平滑的效果，但会牺牲一些对比度。怎样才能实现细节和平滑效果两全呢？其关键是寻找一个平衡点。做到这一点的唯一方法是对屏幕上的照片进行试验。在把"明亮度"滑块拖动到"33"左右后，大多数亮度杂色已消除，此时若想保留更多细节，可将"细节"滑块拖曳到"61"左右，而保持"对比度"滑块的位置不变。修改前和修改后的效果分别如图 5-3 和图 5-4 所示。

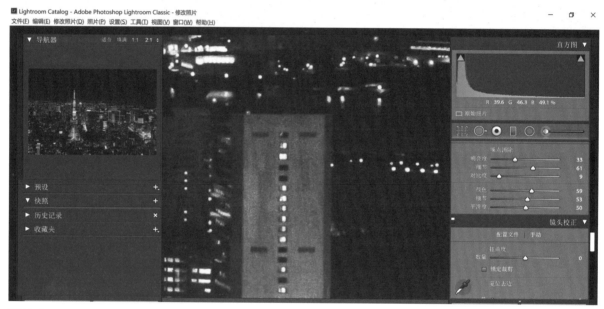

图 5-3

图 5-4

模块 2　　撤销修改

 思　考

　　Lightroom 记录了对照片所做的每一项编辑，并在"修改照片"模块的"历史记录"面板内按照这些编辑的应用顺序以运行列表的形式列出它们。如果想撤销任何一步操作，使照片恢复到编辑过程中任一阶段的显示状态，只要单击一次相应的历史编辑记录就可以。但系统不能只恢复单个步骤，而保留其他步骤。我们可以随时撤销任何错误的操作，之后选择从这一点开始重新进行编辑。本节将介绍具体的操作方法。

实践操作

　　在观察"历史记录"面板之前，要提出的是，按【Ctrl】+【Z】（Mac：【Command】+【Z】）组合键可以撤销任何操作。每按一次该快捷键，就会撤销一个步骤。可以重复使用该快捷键，直到恢复到在 Lightroom 中对照片所做的第一项编辑为止。要查看对某张照片所做的所有编辑的列表，请单击该照片，之后转到左侧面板区域内的"历史记录"面板（图 5-5），最近一次所做的修改位于顶部。

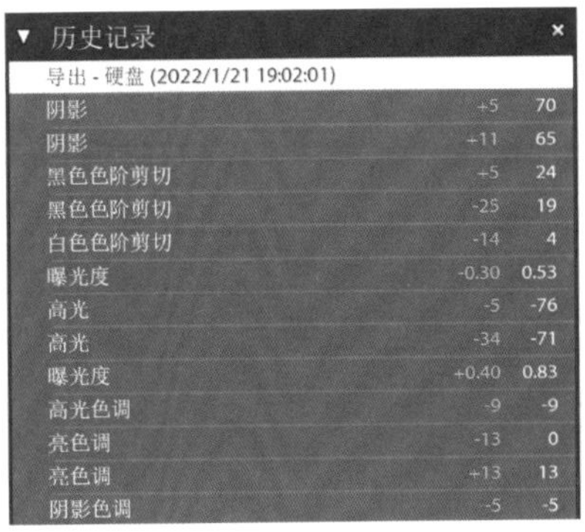

　　注意：每幅照片都有一个单独的历史记录列表。

　　如果把光标悬停在某一条历史编辑记录上，"导航器"面板中的小预览窗口（显示在左侧面板区域的顶部）会显示出照片在这　历史记录点的效果（图 5-6）。

图 5-5

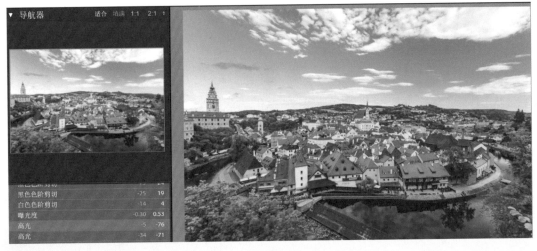

图 5-6

145

想跳回某个步骤，选中对应的步骤即可（图5-7）。使用键盘快捷键撤销编辑，而不是在"历史记录"面板中操作时，照片中将会出现还原提示。

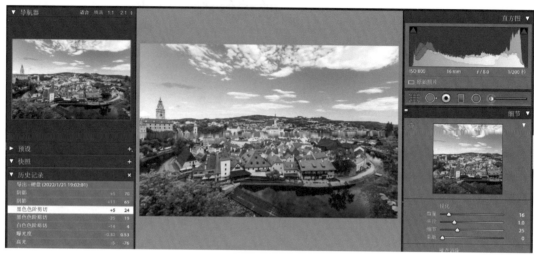

图 5-7

小贴士

在 Lightroom 中，在程序内做的每一次修改都会被记录。当你想修改照片或者关闭 Lightroom 时，这些记录都会被保存。所以即使一年之后再返回那张照片，也可以对已执行的操作进行撤销。

如果遇到非常喜欢的调整效果，想快速跳转到这个编辑点，那么可以转到"快照"面板（位于"历史记录"面板的上方），单击该面板标题右侧的"+"按钮。这一时刻的编辑状态将被存储到"快照"面板，其名称字段将被突出显示。我们可以给它指定一个名字（图5-8）。此外，我们还可以将光标放在"历史记录"面板内的任意步骤上，然后单击鼠标右键，从弹出的菜单中选择"创建快照"。

图 5-8

模块 3　　画面裁切

Lightroom　　思考

第一次使用 Lightroom 中的裁剪功能时，会觉得它非常怪异、笨拙，但是一旦习惯了之后，就会觉得它很方便实用。

实践操作

原始照片（图 5-9）拍摄得太宽，拍摄主体不突出，我们可将其裁剪得更紧凑一点。

图 5-9

转到"修改照片"模块，单击"基本"面板上方工具箱内的裁剪叠加工具，其下方就会显示出"裁剪并修齐"选项，照片上会出现一个三分法则网格（有助于裁剪构图）以及 4 个裁剪角柄（图 5-10 中红色圆圈处）。要想锁定长宽比，使裁剪受照片原来长宽比的约束，或者解锁长宽比约束（执行没有约束的自由裁剪），可单击该面板右上角的锁定图标。

图 5-10

　　要裁剪照片，可按住一个角柄，并向内拖动，以调整裁剪框的大小。要将照片裁剪得紧凑一些，可按住裁剪框的右下角，并朝内向对角方向拖。如果需要在裁剪框内重新定位照片，只需在裁剪框内单击并保持，在光标变成"抓手"光标（图 5-11）后，在框内拖动至想要的位置即可。

图 5-11

提 示

　　如果想隐藏裁剪框上显示的三分法则网格，可按【Ctrl】+【Shift】+【H】（Mac：【Command】+【Shift】+【H】）组合键，或者可以从预览区域下方工具栏的"工具叠加"下拉菜单中选择"自动"，使其只在实际移动裁剪边框时才显示。此外，Lightroom 不是只能显示三分法则网格，还可以显示其他网格。只要按字母键【O】，就可以在不同网格之间切换。

裁剪合适后，按字母键【R】锁定裁剪，去除裁剪叠加框，显示出照片的最终裁剪版本（图 5-12）。

图 5-12

如果想要某种长宽比尺寸的照片，则可以从"裁剪并修齐"的"长宽比"下拉菜单内进行选择。具体操作如下：单击右侧面板区域下方的"复位"按钮。回到原始图像效果，之后单击"长宽比"下拉菜单按钮，从下拉菜单中选择"4×5/8×10"，会看到裁剪叠加框的左右两侧向内移动，显示出 4×5 或 8×10 裁剪长宽比效果。（图 5-13）

图 5-13

　　另一种方法更像 Photoshop 中的裁剪，具体操作是：单击裁剪叠加工具图标，之后单击裁剪框工具，在想要裁剪的位置单击并拖出所需大小的裁剪框。在拖出新的裁剪框时，原来的裁剪框仍然保持（图 5-14）。拖出裁剪框后，其处理方式就和之前的方法一样。

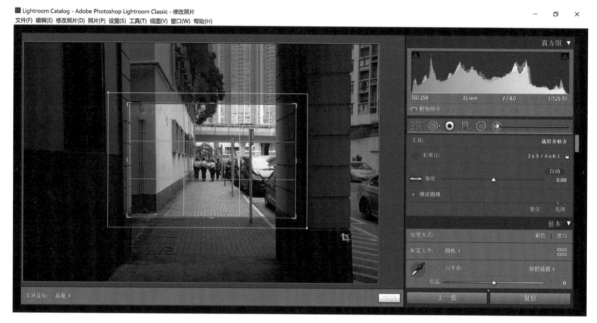

图 5-14

小贴士

　　若想取消裁剪，只需单击"裁剪并修齐"区域右下角的"复位"按钮。

模块 4　　背景光的设置

在使用"修改照片"模块内的裁剪叠加工具裁剪照片时，将要被裁剪掉的区域会自动变暗。这使我们可以更好地了解应用最终裁剪后照片的效果。如果想体验最终裁剪效果，真正看到被裁剪照片的样子，可以在关闭背景光模式下进行裁剪。

现在我们来尝试一下在关闭背景光模式下裁剪：首先单击裁剪叠加工具，进入裁剪模式，然后按【Shift】+【Tab】组合键以隐藏所有面板。按两次字母键【L】，进入关闭背景光模式。这时除了裁剪区域，所有对象均被隐藏，照片处于黑色背景中央，并保留裁剪框。（图 5-15）试试抓住角柄并向内拖动，单击并拖动裁剪框外部使其旋转。拖动裁剪框时可以看到被裁剪图像会动起来。

图 5-15

模块 5　　矫正水平

Lightroom 提供了四种方法来矫正歪斜照片。其中的一种方法非常精确，第二种方法是自动的，其他两种方法虽然需要用眼睛观察，但对于某些照片而言，它们是最好的矫正方法。

如图 5-16 所示，照片的地平线是倾斜的。这对于风光照片来说是致命缺陷。为了矫正这张照片，我们先选择裁剪叠加工具（快捷键【R】）。它位于"修改照片"模块"直方图"面板下方的工具栏内。选择该工具后，照片上将会出现裁剪叠加网格。虽然这个网格有助于裁剪照片时重新构图，但在矫正照片时它会分散注意力。按【Ctrl】+【Shift】+【H】（Mac：【Command】+【Shift】+【H】）组合键可隐藏网格。

图 5-16

矫正照片有四种不同的方法。第一种方法是使用矫正工具，这是最快捷、最精确的矫正照片的方法。单击矫正工具（位于"裁剪并修齐"区域，看起来像个水平仪），并沿照片中认为应该是水平的对象从左往右拖动（如图 5-17 所示，沿着船体与湖面的接触线水平拖动）。如果要使用这种方法，照片内必须有某个对象是水平的，如地平线、墙壁或者窗框等。

图 5-17

　　拖动该工具时，它将把裁剪框缩小并旋转到矫正照片所需的准确角度。校正的准确角度值显示在"裁剪并修齐"面板中的"角度"滑块旁（图 5-18）。现在所要做的只是按字母键【R】锁定拉直。如果不喜欢第一次的矫正结果，只需单击面板底部的"复位"按钮，把照片复位到其初始未矫正的歪斜状态，然后拖动矫正工具对照片进行调整。

图 5-18

　　为了尝试另外三种方法，我们需要撤销刚才执行的操作。单击右侧面板区域底部的"复位"按钮，之后再次单击裁剪叠加图标（如果在上一步之后锁定了裁剪）。第二种方法是只拖动"角度"滑块。向右拖动将顺时针旋转照片，向左拖动将逆时针旋转照片。开始拖动时会显示出旋转网格，帮助对齐所看到的对象。遗憾的是，"角度"滑块移动的增量很大，难以获得准确的旋转量，但我们可以直接单击并向左或向右拖动"角度"滑块字段（位于该滑块的最右边），以获得更精

153

确的旋转。第三种方法是把光标移动到裁剪框之外的灰色背景上，让光标变为双向箭头，然后单击背景区域并上下拖动光标来旋转照片，直到照片看起来变正为止。第四种方法是让 Lightroom 自动矫正照片。只需要单击"角度"滑块上方的"自动"按钮（图 5-19 中红色圆圈处）即可，或者可以按住【Shift】键并直接双击"角度"，但 Lightroom 自动判断的角度和我们之前判断的角度有时会有偏差。比如手动矫正中我们感觉 -1° 似乎已经能够达到水平效果，但 Lighrroom 自动设定时认为 -2° 才能达到更好的呈现效果。如何选择就看用户自身对于图片的观感了。

图 5-19

模块 6　污点查找

思考

若打印出一张漂亮的大幅照片后才发现其上布满了各种污点，这时就要用到 Lightroom 中的污点去除功能，快速地将它们消除。

实践操作

从图 5-20 中可以看到，天空中有几处污点，但是有些污点很难被清楚地看到。

若想找出照片中所有的污点，可单击右侧面板区域顶部工具箱内的污点去除工具（图 5-21 中右侧面板区域的红色圆圈处），或者按字母键【Q】。勾选主预览区域左下方工具栏中的"显现污点"复选框（图 5-21 中左下方的红色圆圈处），可以得到图像的反转视图。这样就能立即发现更多的污点。

稍微放大照片，以便更好地看清污点。增加"显现污点"的阈值可以使污点突出显示。向右拖动"显现污点"滑块，使污点凸显出来，但是又不至于使所有东西都突出。如果阈值太大，照片中的污点看起来会像雪花或杂色（图 5-22）。

图 5-20

图 5-21

图 5-22

小贴士

　　使用污点去除工具时，可以按住【Ctrl】+【Alt】（Mac:【Command】+【Option】）组合键，单击污点并在其周围拖出一个选区。这样做会放置一个起点，之后圆圈恰好拖过污点。

　　污点显现后，接下来我们就可以选择污点去除工具，直接在每个污点上单击一次，以去

图 5-23

除它们。使用"大小"滑块或左右括号键可以调整工具尺寸，使其比希望清除的污点稍大。完成操作后，取消勾选"显现污点"复选框，确保污点去除工具从一个可匹配的区域取样。如果某个污点取样不合理，请再单击取样圆圈，将其拖到匹配的区域（如图 5-23 所示，在显现污点的状态下移动取样圆圈）。

　　如果是相机传感器上的灰尘导致这些污点的出现，不同照片的污点位置会完全相同。去除所有污点后，确保校正的照片在胶片显示窗格中仍然处于选中状态。选中本次拍摄中所有类似的照片，然后单击右侧面板区域的"同步"按钮，弹出"复制设置"对话框。首先单击"全部不选"按钮，使所有同步选项全部不选。然后勾选"处理版本"和"污点去除"复选框（图 5-24），最后单击"复制"按钮。

图 5-24

　　现在，其他所有选中的照片将会应用第一张照片使用的污点去除功能，如图 5-25 所示。若想查看应用的调整，请再次单击污点去除工具。这里推荐快速查看校正的照片，因为根据其他照片中拍摄对象的不同，这些修正会更加明显。如果看到照片中存在污点修复问题，只需要在对应的圆圈上单击，然后按键盘上的【Backspace】（Mac：【Delete】）键，再使用污点去除工具重新手动修复该污点。

图 5-25

　　提　示　　何时使用"仿制"

　　污点去除工具的污点校正有两种方式："仿制"或"修复"。需要使用"仿制"选项的情况是需要清除的污点位于或非常靠近某个拍摄对象的边缘，或者靠近照片自身的外边缘。在这些情况下，使用污点修复通常会弄脏照片。

模块 7　　修复画笔的使用

如果想去除污点或瑕疵，可以使用 Lightroom 的污点去除工具，但是因为它只能修复圆圈内的污点，我们无法绘制一条线来去除皱纹或电线，或者其他任何不是点状的东西。这类问题在 Lightroom 中我们可以通过修复画笔绘制线条来解决。

如图 5-26 所示，我们想要去除建筑物左侧白色屋檐上的黑色污渍。首先单击右侧面板区域工具箱里的污点去除工具（图 5-26 中红色圆圈处），或者按字母键【Q】。然后在白色屋檐上绘图，从下往上拖动。这时，我们会看到一个白色区域（图 5-27），它代表将要修复的区域。

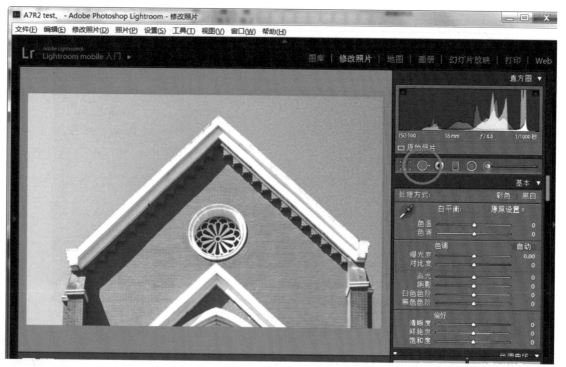

图 5-26

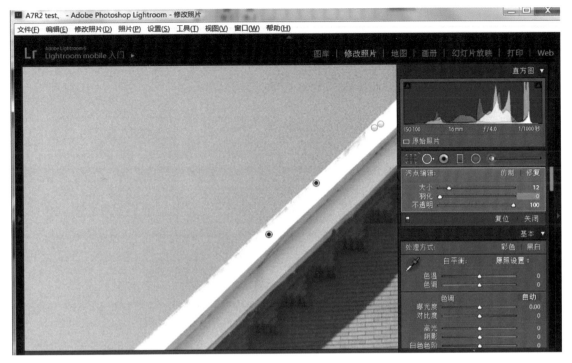

图 5-27

小贴士

如果想去除照片中分散注意力的直线形物体，比如电话线，可先在线的一端单击，然后按住【Shift】键，单击线的另一端，这样就能在两点之间画出一条直线，并且完全去除这条线。

完成绘图后会发现照片中出现两个轮廓区域：第一个有较粗的轮廓线，显示要修复的区域；第二个有较细的轮廓线，显示污点去除工具取样的区域。通常，取样区域很接近修复区域，但是有时候选取的样本区域比较奇怪，会离修复区很远或者不符合要求。出现这种情况时，有两种处理方法：一种是单击取样轮廓区域，把它拖到其他区域来选择不同的取样区域。把它拖动到新区域后释放鼠标键，就能显示出这个新取样区域的预览效果。（图 5-28）如果调整后的效果依旧不太好，可以把取样轮廓拖动到其他位置上，然后松开鼠标快速浏览其效果。另一种方法是按下【/】键，让 Lightroom 选择新的取样区域。如果首次尝试并不理想，继续按【/】键，系统会自动选择不同的区域。在本例中，由于两个取样轮廓间的间隔很小，如果部分修复区域看起来是透明的，只需调整羽化值即可。

现在让我们去掉一些更大的物体，如建筑物后方的杂物。打开污点去除工具，对其进行绘制（图 5-29）。松开鼠标后会选出污点进行取样。若第一次取样的污点并不理想，杂物的边缘有一小部分没有被去除掉，这时我们就需要增加羽化值。这能柔化边缘区域，通常在小区域中效果更好，在大区域中会有污点残留。想去掉这样的大区域时，会有点麻烦，需要把附近的开阔部分清理干净，用更细的轮廓覆盖住不同的污点，直到被覆盖的区域令人满意为止。我们也可以选择"仿制"选项，将照片中天空的部分直接填入绘制区域。

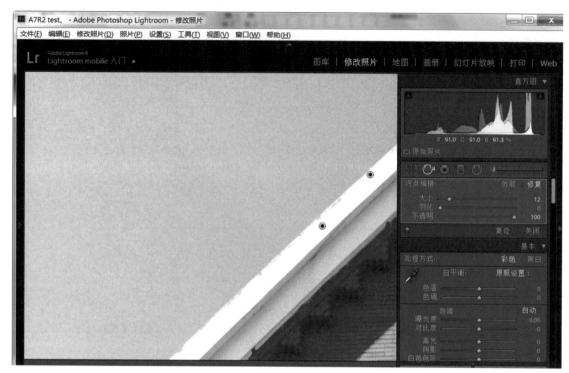

图 5-28

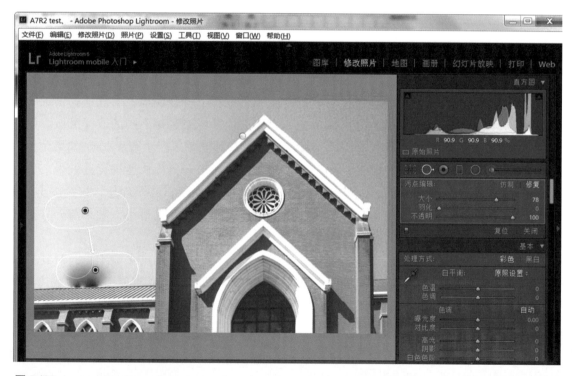

图 5-29

图 5-30 是修改后的效果图，去除了杂物。之前我们需要转到 Photoshop 中来处理这个问题，但是现在在 Lightroom 中就能处理，非常方便。

图 5-30

模块 8　　校正镜头畸变

你是否曾经拍摄过一些建筑，它们看起来好像是向后倾斜的，或者顶部看起来比底部宽？类似的镜头扭曲其实相当普遍，尤其在使用广角镜头时。我们在 Lightroom 中可以非常容易地修复它们。

图 5-31

图 5-32

打开一张存在镜头扭曲问题的照片，如图 5-31 所示。这张照片的四角凸起，并存在镜头暗角问题（由于采用超广角拍摄，建筑有明显的畸变，大厦向后倾倒）。大部分这样的问题只需开启镜头配置文件校正就能修复。第一步往往是应用镜头配置文件校正。现在进入"镜头校正"面板，单击上方的"配置文件"选项卡查看这些选项。

Lightroom 具备大部分镜头制造商常用镜头的内置配置文件。勾选"启用配置文件校正"复选框（图 5-32），我们通常能找到适合的镜头配置文件并进行应用（可以通过查看照片内嵌的 EXIF 相机数据来获取镜头信息）。如果没有找到，只需在"配置文件"选项卡中告知 Lightroom 镜头制造商和型号，它就能完成其余的操作。在本例中，系统找到了配置文件，完成了修复，四角的暗角几乎消失了。现在我们来处理照片的其他问题。

如果没有找到拍摄时所应用的镜头配置文件，可以单击"配置文件"选项卡查看设置。如果下拉菜单中没显示镜头的制造商和型号，我们可以在此进行选择。如果没有找到精确的镜头，只需选择最相似的那个即可。即便找到精确的制造商和型号，也可使用面板底部的"复位数量"滑块来稍微更改自动设置。例如，如果觉得系统对扭曲消除得太多，则可以将"扭曲度"滑块（图 5-33）向右拖动一点，减少应用到照片上的线性校正数量。

图 5-33

此处最有效的功能是 Upright，它们是仅需一次单击的自动校正。用户可根据需要选择校正照片的透视效果。要想获得 Upright 的最佳效果，需要先勾选"启用配置文件校正"复选框来打开镜头配置文件校正。想使用 Upright，请单击"变换"，此处有 5 个按钮："关闭""自动""水平""垂直""完全"（图 5-34）。效果最好的是"自动"，因为它不会"矫正过头"（而"垂直"和"完全"

图 5-34

有时候会发生这种情况）。此处单击"自动"按钮，它有效地解决了建筑向后倾斜的问题。

大家是否注意到，上一步的校正操作令照片的下方形成了两个白色三角缺口？修复这个缺口的办法有如下两种：① 使用裁剪叠加工具裁剪掉这些区域；② 单击"手动"选项卡，把"比例"滑块向左拖动以改变照片大小（图 5-35），直到白色三角形消失为止。不过修改尺寸虽然不裁剪照片，却会损坏图像品质。因此笔者更倾向于裁剪。

图 5-35

现在我们单击"垂直"按钮。它会尽可能地拉直垂直线。此时看一下建筑的两侧，线条基本竖直，但似乎有点向上伸展。修复方法如下：转到"手动"选项卡，把"长宽比"滑块稍微向左拖动以加宽照片，让照片看起来更正常一些。

如果单击"完全"按钮，就会完全应用水平、垂直和透视校正。它比"自动"按钮的校正程度更强一些。"完全"按钮的校正力度过大、过猛，会使照片看起来不太自然、美观。（图 5-36）

图 5-36

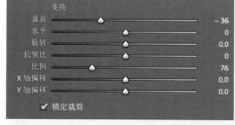

图 5-37

对这张照片应用"自动"校正的效果最好。我们只需勾选"锁定裁剪"复选框（图 5-37），系统就能自动裁剪掉照片中的那些白色三角形区域。

如果不喜欢使用"自动"校正功能，可使用可以手动调整的滑块："扭曲度"（使照片向上、向下弯曲）、

"垂直"（调整照片向前或向后倾斜的情况）、"水平"（调整照片水平倾斜的情况）、"旋转"（旋转照片，让它变正）、"长宽比"（如果你的校正让照片受挤压、弯曲，或者变窄、拉伸，这个滑块可以进行修复）和"比例"（缩放照片）。

提　示　　使用可调整网格

　　试图旋转照片时，网格会对操作有所帮助。前往"视图"菜单，在"放大叠加"选项中选择"网格"。网格出现后，你可以按住【Ctrl】（Mac：【Command】）键，单击并左右拖动预览区域顶部的两个控件来调整其大小和不透明度。

模块 9　　校正边缘暗角

　　暗角是镜头在照片的边角上产生的问题，使照片的边角处显得比其余部分更暗。这个问题通常在使用广角镜头时更明显，其他镜头也有可能会引起这个问题。下面将介绍在出现边缘暗角时应该怎样校正它。

　　从图 5-38 所示的照片中可以看出，其边角处变暗了，还出现了阴影，这就是暗角。在"修改照片"模块右侧面板区域内向下滚动到"镜头校正"面板，单击顶部的"配置文件"选项卡，然后勾选"启用配置文件校正"复选框。由于照片没有镜头信息，所以我们需要在"制造商"下拉菜单中选择使用的镜头，然后选择镜头型号，或者相近的镜头型号。在本例中，"型号"下拉菜单中的 70～200 mm 镜头的配置文件效果最好。如果照片还需要进一步校正，则可以尝试移动"暗角"下的"数量"滑块进行调整。

　　如果觉得自动方式处理得还不够理想，可以单击"手动"选项卡进行手动调整（图 5-39）。

图 5-38

在面板底部镜头"暗角"区域中有两个滑块：一个控制边缘区域的变亮程度，另一个调整四个边角变亮的效果向照片中央延伸多远。在这幅照片内，边角上存在相当严重的边缘暗角，但没有向照片中央延伸太远。我们先单击"数量"滑块，并向右慢慢拖动。在拖动时，要注意观察照片边角上的变化：照片上的四个边角将随着滑块的拖动而变亮。在其亮度与照片其余部分相匹配时停止拖动。如果暗角向照片中央延伸太多，我们则需要向左拖动"中点"滑块，使变亮效果覆盖更大的区域。修改前与修改后的对比效果如图 5-40 所示。

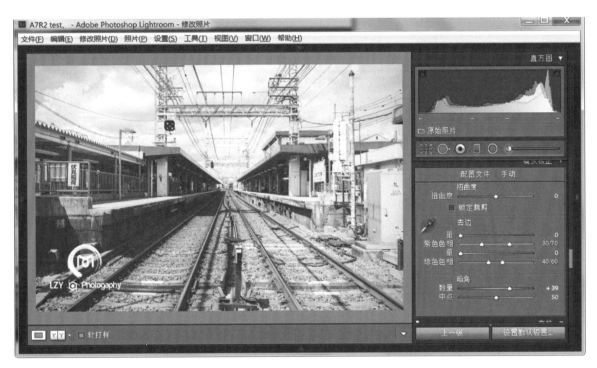

图 5-39

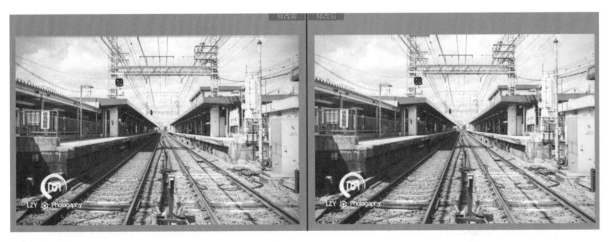

图 5-40

模块 10 锐化照片

锐化照片一般分为两种：一种是机内直出锐化。以 JPEG 格式拍摄时，这种锐化通常发生在相机内。另一种是应用锐化。如果以 RAW 格式拍摄，相机内的这种锐化处理将被关闭。因此在 Lightroom 中，所有 RAW 格式的照片均要应用锐化。

在 Lightroom 中我们可以应用多种锐化处理而不损害照片。要锐化照片，请转到"修改照片"模块中的"细节"面板（图 5-41）。该面板内有一个预览窗口。我们可以在这里选择照片任意部分放大查看，方便对比锐化前后的效果，同时在主预览区域查看正常尺寸的照片。要在预览窗口内放大某一区域，只需用鼠标在想要放大的位置上单击即可。放大之后，就可以在预览窗口内通过单击拖动导航。此外，如果单击该面板左上角的小图标，则当在中央预览区域内的主图像上移动光标时，该区域就会放大显示在预览窗口内（要保持预览该区域，只需在主图像的该区域上单击）。若要关闭这一功能，则再次单击该图标即可。

图 5-41

"数量"滑块用于控制应用到照片的锐化量。本例把"数量"增加到"80"。这时主预览区域内的照片看起来并没有太大变化，而"细节"面板的预览图看起来更锐利，这就是放大预览的重要性。"半径"滑块决定锐化从边缘开始影响多少像素。笔者认为，应该把它保持在"1.0"不变（图5-42），但如果确实需要更大的锐化，可将其增加到"2.0"。

图 5-42

提示 关闭锐化

如果想暂时关闭在"细节"面板内所做的锐化，只需在"细节"面板标题最左端的切换开关上单击即可。

在 Lightroom 中，"细节"滑块类似防色晕控件。采用其默认设置值"25"，就能够很好地防止色晕的出现。这对大多数照片都很有效。但对于可以接受大量锐化的照片，如宽幅风光照片、建筑照片，或具有大量清晰边缘的照片，我们则可以把"细节"滑块的设置值进一步提高。

"蒙版"滑块的功能是准确控制应用锐化的区域。对于一些需要使细节区域锐化的地方，如眼睛、头发、眉毛、嘴唇、衣服等，用"蒙版"滑块可以实现这一点。这里以图5-43所示的照片为例。

图 5-43

按住【Alt】键，在"蒙版"滑块上单击并保持，此时图像区域将变为纯白色（图 5-44）。这说明锐化已经均匀地应用到了照片的每个部分，每个对象都得到了锐化。

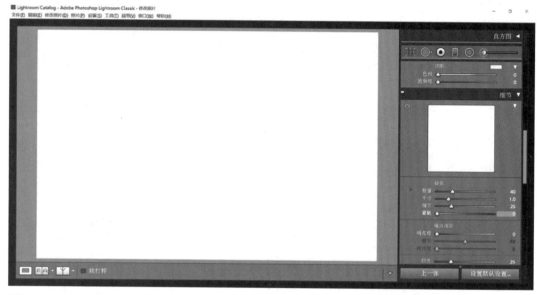

图 5-44

当单击并向右拖动"蒙版"滑块时，部分照片区域开始变为黑色。这些黑色区域将得不到锐化。我们会看到几个黑色斑块。滑块拖得越远，就有越多的非边缘区域会变为黑色。图 5-45 所示是"蒙版"滑块拖曳到"84"时的效果，人物的部分皮肤区域处于黑色中，因此它们不会被锐化，但细节边缘区域，如眼睛、嘴唇、额头、鼻孔和轮廓被完全锐化，因为这些区域仍然是白色的。

释放【Alt】键后，就会看到锐化效果。我们可以看到细节区域很清晰，但皮肤锐化程度不高。

图 5-45

模块 11　校正色差

有时，照片主体周围反差强烈的边缘会出现红色、绿色，或者更可能是紫色的色晕或杂边（这些被称作"色差"）。这在 Lightroom 内很容易被校正。

将图 5-46 中的照片放大，会发现在逆光拍摄环境中，树叶的边缘像是有人用细的蓝紫色记号笔沿着叶子边缘绘图一样。首先请转到"镜头校正"面板，然后在左侧单击"导航器"面板，放大显示存在彩色杂边的边缘区域到 1∶1，以便看到该调整对叶子边缘的影响。

图 5-46

在"镜头校正"面板顶部，勾选"删除色差"复选框。如果效果并不完美，请尝试单击面板顶部的"手动"选项卡，并向右拖动"量"滑块，以删除紫色的杂边。然后，移动"紫色色相"滑块。用"绿色色相"和"量"滑块进行相同的操作。如果你不确定该移动哪个滑块，可以让 Lightroom 为你设置。只需选择边颜色选择器工具（滑块上方的滴管图标），然后直接单击一次彩色的边缘，就能自动去除彩色边缘。效果如图 5-47 所示。由于影像器材的进步，现在很多优秀的摄影镜头已经能够通过镜头镀膜技术来解决大部分的色差或者色散问题，但这项操作对于手机摄影照片的后期处理，以及某些极端情况依然具有非常重要的意义。

图 5-47

第六章

Lightroom

导出和制作影集

模块 1　　导出 JPEG 照片

思 考

在 Lightroom 内，我们并不能把照片保存为 JPEG 格式，但是可以导出为 JPEG（也可以是 TIFF、DNG 或 PSD）格式。Lightroom 还增加了一些自动功能，使照片的导出操作更加方便快捷。

实践操作

在"图库"模块的网格视图中或在任意模块的胶片窗格中，按住【Ctrl】（Mac：【Command】）键并单击所需要导出的照片（图 6–1）。

图 6-1

如果在"图库"模块内，可以单击左侧面板底部的"导出"按钮（图 6–2 中红色圆圈处）。如果在其他模块内，可在胶片显示窗格中选择需要导出的照片，并使用快捷键【Ctrl】+【Shift】+【E】（Mac：【Command】+【Shift】+【E】）。无论选择上述哪种方法，都能弹出导出文件对话框（图 6–3）。

图 6-2

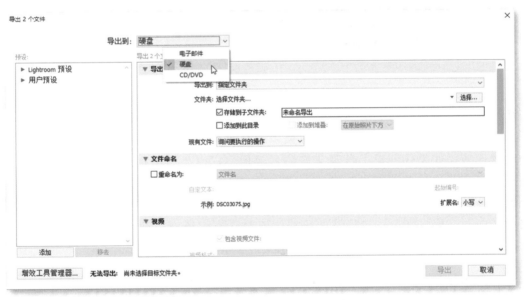

图 6-3

在导出文件对话框中，Lightroom 提供了一些导出预设，用来避免每次都要从头开始设置整个对话框内的内容。Lightroom 只提供少量预设。用户能创建自己的预设（这些预设显示在"用户预设"选项中）。Lightroom 的内置预设可以作为创建预设的起点。选择刻录全尺寸 JPEG 预设，可以将照片以 JPEG 格式导出，并把照片刻录在光盘上。我们可以自定义这些设置，以便使文件按照要求导出到想要的位置，并把自定义设置保存为预设，避免每次需要重复类似操作。若不把照片刻录到光盘，就将照片保存在计算机中同个文件夹内。转到对话框顶部，从"导出到"下拉菜单中选择"硬盘"。

175

　　我们在导出照片时需要注意 Lightroom 把这些文件保存到哪里。单击"导出位置"区域中的"导出到"旁的下拉菜单按钮，弹出一个保存文件的位置菜单（图 6-4）。如果选择"原始照片所在的文件夹"，那么导出的照片将会与原始照片放置在同一文件夹中。如果选择"指定文件夹"，那么导出的照片将会被放置在指定的文件夹中。例如要将导出照片放在一个名为"Ruins"的文件夹内（图 6-5），选择"指定文件夹"后，单击"选择"按钮，找到"Ruins"文件夹即可。如果想要将导出的文件添加到 Lightroom 中，勾选"添加到此目录"复选框即可。

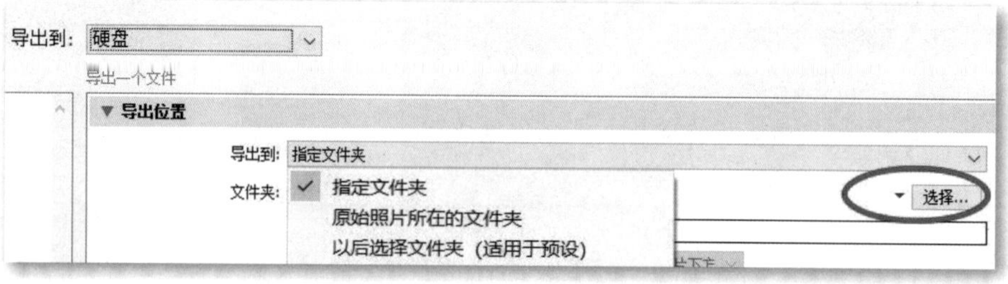

图 6-4

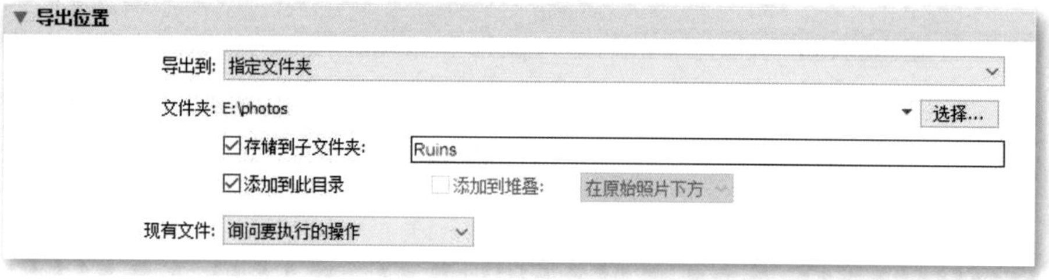

图 6-5

　　如果不想重命名导出的文件，只想保留它们的当前名称，则可以取消勾选"重命名为"复选框，或者勾选该复选框，然后从下拉菜单内选择其文件名。如果要重命名文件，则请选择一种内置模板。如果你创建了自定文件命名模板，它也会显示在这个列表中。在本例中，我们选择"自定名称 - 序列编号"格式（它自动向我们自定的名称末尾添加序列号，序列号从 1 开始编号），然后我们把这些照片简单命名为"Ruins"，因此该文件夹中的照片将最终被命名为"Ruins-1""Ruins-2"等。此外，该对话框中还有一个"扩展名"下拉菜单，用于选择以大写（JPG）或小写（jpg）形式显示文件扩展名（图 6-6）。

图 6-6

　　假设我们要导出整个照片收藏夹，且收藏夹中还包含一些用 DSLR 拍摄的视频剪辑，而我们希望这些视频剪辑也包含在内，就可在"视频"区域下勾选"包含视频文件"复选框（图 6-7）。在下方，我们可以选择视频格式（H.264 是高度压缩格式，用于在移动设备上播放；DPX 通常用于表现视觉效果）。还可选择视频的品质。若选择最高品质，导出的视频品质会尽可能地接近源视频。若选择高品质，比特率可能会降低。如果将视频发布到网页上，或在高端平板设备上观看，则可以选择中品质。如果在其他所有移动设备上观看，则可选择低品质。通过下拉菜单右侧的数据我们可查看不同的格式和品质。当然，如果导出时没有视频被选中，这部分将会变成灰色。

图 6-7

在"文件设置"区域，我们可以从"图像格式"下拉菜单中选择照片的保存格式（因为选择了刻录全尺寸 JPEG 预设，所以这里 JPEG 已经被选择（图 6-8）。（在其他情况下，我们还可以选择 TIFF、PSD、DNG，如果有 RAW 文件，也可以选择原始格式，导出 RAW 照片）因为要把照片保存为 JPEG 格式，所以界面上会有一个"品质"滑块。品质越高，文件尺寸越大。我们通常将"品质"的数值设置为"80"。这能够在图像品质和文件大小之间取得很好的平衡。如果打算把这些文件发送给没安装 Photoshop 的人，则选择"sRGB"色彩空间。如果选择 PSD、TIFF 或 DNG 格式，则"文件设置"区域会显示它们相应的选项，如色彩空间、位深度和压缩设置等。

图 6-8

在默认状态下，Lightroom 将以全尺寸导出照片。如果想让它们变小些，请在"调整图像大小"区域勾选"调整大小以适合"复选框，然后键入需要的宽度、高度和分辨率。我们也可以从顶部下拉菜单中选择像素尺寸、图像的长边、图像的短边或图像的像素等调整图像尺寸（图 6-9）。

图 6-9

此外，如果要在其他应用程序中打印这些照片，或者将它们发布到网络上，则可以通过勾选"输出锐化"区域中的"锐化对象"复选框（图 6-10），添加锐化处理。这将根据导出的照片是仅用于屏幕显示还是打印应用合适的锐化。对于使用喷墨打印机打印的照片，"锐化量"通常选择"高"。这会令照片在屏幕上看起来有点锐化过度，但在纸张上看起来正好（对于放在网络上的照片，"锐化量"通常选择"标准"）。

图 6-10

在"元数据"区域，我们可以选择随照片一起导出的元数据："仅版权""仅版权和联系信息""除相机和 Camera Raw 之外的所有信息""所有元数据"（图 6-11）。即使选择了导出"所

图 6-11

有元数据"或者"除相机和 Camera Raw 之外的所有信息"，我们仍然可以通过勾选"删除人物信息"和"删除位置信息"复选框来删除所有个人信息和 GPS 数据。在此例中我们选择"所有元数据"。要为导出的照片添加水印，请勾选"添加水印"区域中的"水印"复选框，然后从下拉菜单中选择"简单版权水印"或者保存的水印预设即可（图 6-12）。

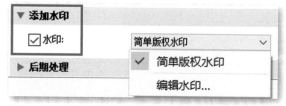

图 6-12

"后期处理"区域（图 6-13）用于决定文件从 Lightroom 导出后执行什么操作。如果从"导出后"下拉菜单中选择"无操作"，文件将只是保存到开始选择的文件夹中。如果选择"在 Adobe Photoshop CC 中打开"，文件导出后将自动在 Photoshop 中打开。如果选择"在其它应用程序中打开"，文件导出后将自动在某个 Lightroom 插件中打开。如果选择"现在转到 Export Actions 文件夹"，将打开 Lightroom 用于储存 Export Actions（导出后的动作配置文件）的文件夹。所以如果想从 Photoshop 中做批操作，可以创建快捷批处理，并将其放在这个文件夹中。之后这个快捷批处理将出现在"导出后"下拉菜单中。选择它将会打开 Photoshop，并对所有从 Lightroom 导出的照片做批操作。

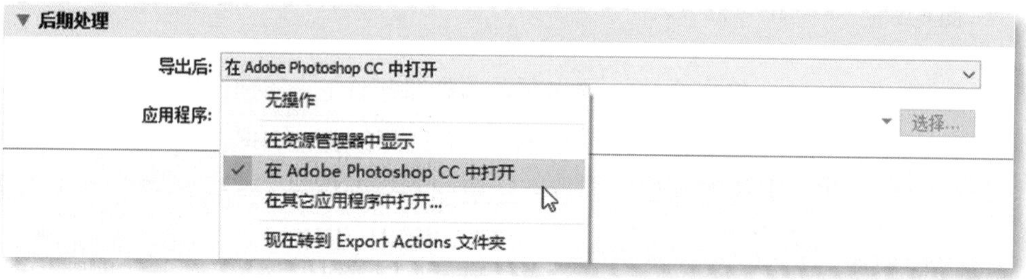

图 6-13

我们可以按照想要的方式进行定制，把这些设置保存为自定预设。下次想导出 JPEG 文件时，就能避免重复操作。再做一些修改，使该预设更有效。例如，如果现在把这些设置保存为预设，在使用它把其他照片导出为 JPEG 文件格式时，这些照片将同样被保存到 Ruins 文件夹中。而选择"以后选择文件夹（适用于预设）"（图 6-14）就方便很多。

如果依然想把导出的 JPEG 文件保存到指定文件夹中，则回到"导出位置"区域，选择指定的文件夹。现在如果将照片以 JPEG 格式导出到该文件夹，而该文件夹中已经存在同名照片，我们可以在"现有文件"下拉菜单中选择"为导出的文件选择一个新名称"（图 6-15）。这样就不会不小心覆盖原来想保留的文件了。当选择"跳过"时，如果系统发现该文件夹中已经存在同名文件，则不会导出 JPEG 文件，而是跳过它。

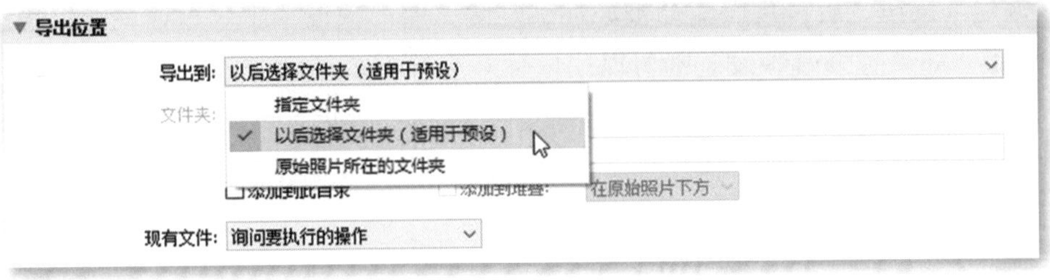

图 6-14

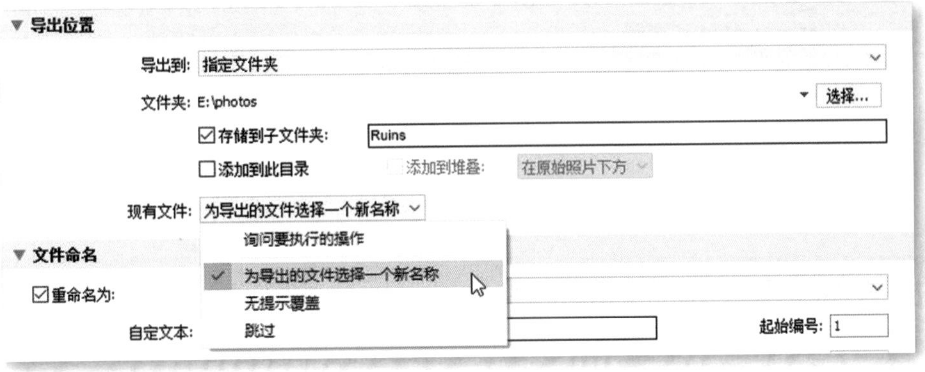

图 6-15

小贴士

导出照片前一定要给文件一个新的自定名称，否则今后处理拍摄的照片也将被命名为 Ruins-1.jpg、Ruins-2.jpg 等。

我们可以将自定设置保存为预设：单击导出文件对话框左下角的"添加"按钮（图 6-16 中红色圆圈处），然后给新建预设命名。本例把它命名为"hi-res jpegs/save to hard drive"（高分辨率 JPEG 文件 / 保存到硬盘）。这个名称说明了导出文件的性质及导出文件的保存位置。

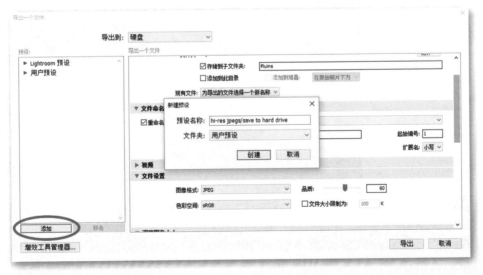

图 6-16

单击"创建"按钮之后，预设就会被添加到左侧"用户预设"中。这样就能以自己创建的方式导出 JPEG 了。如果想修改预设，则可以用鼠标右键单击该预设，在弹出的菜单中选择"使用当前设置更新"（图 6-17）。

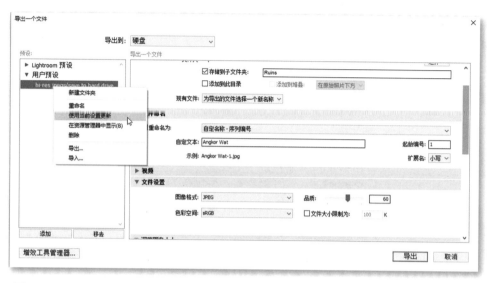

图 6-17

这时，如果想创建第二个自定预设——导出联机 Web 画廊所用 JPEG 文件的预设，则需要把图像分辨率降低到 72 ppi，把"锐化对象"修改为"屏幕"，把"锐化量"设置为"标准"，把"元数据"设置为"仅版权和联系信息"，还要再勾选"水印"复选框，以防别人滥用图像。之后，单击"添加"按钮创建新的预设，把它命名为"Export JPEG for Web"之类的名称。

创建自己的预设之后，在导出时完全可以跳过导出文件对话框。只需选择想要导出的照片，之后转到 Lightroom 的"文件"菜单，从"使用预设导出"子菜单中选择想要的导出预设（本例选择"Export JPEG for Web"预设，如图 6-18 所示），就可以直接导出照片。

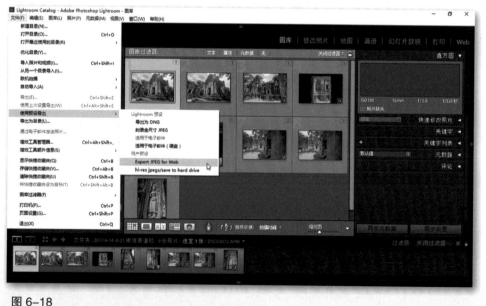

图 6-18

模块 2　　添加水印

如果将照片发布到网站上，可能会被他人盗用。限制非授权使用照片的一种方法就是添加水印。除了保护版权外，添加水印还可起到宣传的作用。下面介绍向照片添加水印的具体步骤。

按【Ctrl】+【Shift】+【E】（Mac:【Command】+【Shift】+【E】）组合键打开导出文件对话框，转到"添加水印"区域，勾选"水印"复选框，并从下拉菜单中选择"编辑水印"（图 6-19）。

图 6-19

小贴士

我们不仅可以在将照片导出为 JPEG、TIFF 等格式时添加水印，也可以在打印模块内或者将照片放到 Web 模块内时添加水印。

选择"编辑水印"选项之后将弹出一个"水印编辑器"对话框（图 6-20）。在这里我们既可以创建简单的文本水印，也可以将图形导入为水印。在右上角（图 6-20 中红色圆圈处）选择"水印样式"："文本"或"图形"。在默认状态下，系统显示用户配置文件名称，因此该对

图 6-20

话框底部的文本字段中会显示版权。这个文本会同时显示在照片的左下角和下方的文本框中，并且文本与其角落的偏移量可以调整。我们可在文本框中输入摄影工作室的名称，然后在对话框右侧的文本选项中选择字体。本例选择"Myriad Web Pro"字体和"常规"样式。此外，若要在字符间留一些间距，我们可以使用空格键。我们还可以选择文本的对齐方式："左对齐"、"居中"或"右对齐"，并单击色板选择字体颜色。

我们可以在"水印效果"区域设置水印填充到图片中的大小（图 6-21）。将光标移动到照片预览区的文本上会显示一个小角柄。单击小角柄并向外拖动将使文本变大；单击小角柄并向内拖动将使文本变小。

我们可以在"水印效果"区域选择水印的位置。该区域底部有一个定位网格，显示水印的位置。如果要将水印移动到照片右下角，可单击右下角的定位点（图 6-22）。如果要将水印移动到照片中央，可单击中央的定位点，以此类推。如果想使用垂直水印，则可以使用定位网格右侧的两个旋转按钮。此外，我们还可以使文本产生偏移，不紧贴照片边缘，只需拖动位于定位网格正上方的"垂直"和"水平"滑块。移动它们时，预览窗口中将显示细小的位置指示条，以便看到文本将要放置的位置。最后，拖动该区域顶部的"不透明度"滑块还能控制水印的透明度。

图 6-21

图 6-22

图 6-22 中分隔"Lightroom CC"和"2017"的细线是一个称作"管道"的文本字符，按【Shift】+【\】键可以创建它。

如果要将水印放置到较浅的背景上，则可以使用"文本选项"区域中的"阴影"控件给文本添加投影（图 6-23）。"不透明度"滑块控制阴影的暗度。"位移"滑块控制阴影出现在距离文本多远处（向右拖动得越远，阴影距离文本越远）。"半径"滑块控制阴影的柔和度（半径值越大，阴影的柔和度就越高）。"角度"滑块用来选择阴影出现的位置（默认设置"-90"将使阴影处于右下方，而设置为"145"将使阴影位于左上方）。只需拖动该滑块，就可以看到阴影位置。要查看阴影效果是否变得更好，可以切换几次"阴影"复选框开关进行设置。

图 6-23

水印编辑器支持 JPEG 或 PNG 格式的图像，因此，处理图形水印（比如图 6-24 所示摄影工作室的标志）时，我们一定要将其设计为这两种格式之一。转到"图像选项"区域，单击"选择"按钮，找到标志图形，然后单击"选择"按钮，可以看到图形（可以看到标志后面的黑色背景）。图形水印使用的控件和文本水印使用的控件大体相同。转到"水印效果"区域（图 6-25），向左拖动"不透明度"滑块，使图形变得透明，并使用"比例"滑块改变图形的尺寸。使用"内嵌"部分的调整滑块能把标志移离边缘，而利用定位网格则可以在照片的不同位置定位水印。此时，"文本选项"区域的各个控件都将变灰，不能进行编辑，因为当前处理的是图形。

图 6-24

图 6-25

为了使背景变透明，我们可在 Adobe Photoshop 中打开该标志的图层文件（图 6-26），并完成下面两项操作：① 将背景图层拖放到图层面板底部的垃圾桶图标上，删除背景图层，仅将图形和文字保留在它们自己的透明图层上；② 将这个 Photoshop 文件保存为 PNG 格式。这时，标志后面的背景将变透明（图 6-27）。

在 Photoshop 中，这个标志包含黑色背景图层，因此导入 Lightroom 水印编辑器时，会显示黑色背景。

图 6-26

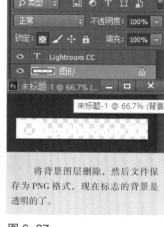

将背景图层删除，然后文件保存为 PNG 格式，现在标志的背景是透明的了。

图 6-27

选择这个新的 PNG 格式文件，导入后，它将显示在照片上，但背景已不存在（图 6-28）。我们可以在"水印效果"区域对标志重新设置大小、定位并修改标志的透明度。设置完成后将其保存为水印预设，再次使用它时，就可以在打印和 Web 模块中应用它。保存为预设时，单击图 6-28所示的对话框右下角的"存储"按钮，或者从该对话框左上角的下拉菜单中选择将当前设置存储为新预设。保存好预设后，就可以一键添加水印了。

图 6-28

模块 3　导出原始 RAW 格式照片

Lightroom

思考

如果想导出原始 RAW 格式照片，应该怎么做？下面将介绍其实现方法。

实践操作

在导出原始 RAW 格式照片时，在 Lightroom 中对它所应用的修改（包括关键字、元数据，甚至在"修改照片"模块内所做的修改）都被存储在单独的文件中。这个文件就是 XMP 文件。因为不能直接把元数据嵌入 RAW 文件自身内，因此需要将 RAW 文件及其 XMP 文件看作一组文件。单击要从 Lightroom 中导出的 RAW 格式照片。按【Ctrl】+【Shift】+【E】（Mac：【Command】+【Shift】+【E】）组合键打开导出文件对话框。单击"刻录全尺寸 JPEG"预设，能看到一些基本设置。在最上面的"导出到"下拉菜单中选择"硬盘"，在"导出位置"区域内选择这个原始 RAW 文件的保存位置。在"文件设置"区域，从"图像格式"下拉菜单中选择"原始格式"（图 6-29 中红色圆圈处）。当选择导出为原始 RAW 文件时，其余大多数选项将变为灰色，不可再次编辑。

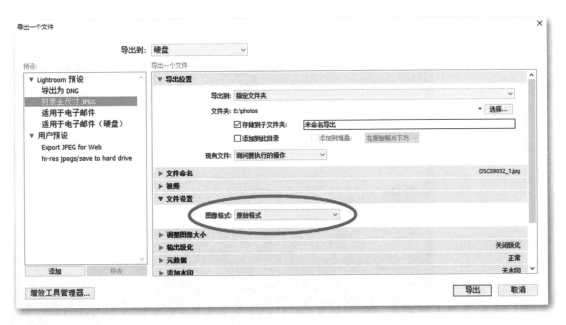

图 6-29

小贴士

从"图像格式"下拉菜单中选择"DNG",展开相应选项（图6-30）。"嵌入快速载入数据"影响预览图在"修改照片"模块中出现的速度。它为文件增加了一点尺寸。"使用有损压缩"将使照片丢掉一部分信息，使照片尺寸缩小大概75%，适用于那些用户未选择但又不想删除的照片。

图 6-30

图 6-31

单击"导出"按钮，几秒钟之后文件就会显示在选择位置上。随后我们将会看到照片及紧邻其的 XMP 文件（图6-31）。只要这两个文件保持在一起，支持 XMP 文件的其他程序如 Adobe Bridge 和 Adobe Camera Raw 就会使用对该照片所做的修改。如果要把该照片发送给其他人或者刻录到光盘，并且要保留对照片所做的修改，就一定要同时发送或刻录 XMP 文件。如果不想保留对照片所做过的编辑，则不要发送或刻录 XMP 文件。

如果将原始 RAW 文件导出，并在 Camera Raw 中打开它，若 XMP 文件存在，我们就会看到在 Lightroom 中所做的所有编辑（图6-32），其中照片的对比度、阴影、白色色阶、黑色色阶和饱和度等都被调整过，并添加了裁剪后暗角的操作。

图 6-32

模块 4　导入文件到 Photoshop

  思考

将照片从 Lightroom 转到 Photoshop 中进行编辑时，在默认情况下，Lightroom 以 TIFF 格式创建文件副本，嵌入 ProPhoto RGB 颜色配置文件，位深度设置为 16 位 / 分量，分辨率设置为 240 ppi。如果想进行一些不同的设置，则可以选择 Photoshop 的文件发送方式——将照片以 PSD 或 TIFF 格式发送，选择它们的位深度，以及当照片离开 Lightroom 时嵌入的颜色配置文件。

实践操作

我们先按【Ctrl】+【，】（Mac：【Command】+【，】）组合键打开"首选项"对话框，之后单击"外部编辑"选项卡。如果计算机上安装了 Photoshop，它将被设置为默认的外部编辑器。我们在对话框顶部选择把照片发送到 Photoshop 所使用的文件格式（这里选择 PSD 格式，因为这种文件远比 TIFF 文件小），之后从"色彩空间"下拉菜单中选择文件的色彩空间（一般默认为"ProPhoto RGB"。如果保持该设置不变，则要将 Photoshop 的颜色空间也修改为"ProPhoto RGB"。无论选择哪种，在 Photoshop 内都要使用相同的颜色空间）。默认选择"16 位 / 分量"位深度，以获得最佳效果（但在多数情况下使用"8 位 / 分量"位深度）。分辨率保持其默认设置 240 ppi 不变。（图 6-33）对话框底部有一个"堆叠原始图像"复选框。保持其被勾选的状态，因为它可以将照片编辑过的副本文件放置在原始文件旁边，以便返回 Lightroom 时找到它们。最后，我们可以为从 Lightroom 发送到 Photoshop 的照片命名。可以从"首选项"对话框底部的"外部编辑文件命名"下选择命名模板（图 6-34）。

图 6-33

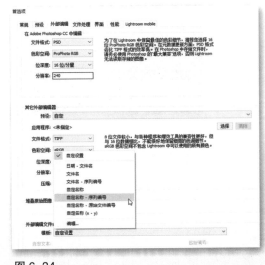

图 6-34

模块 5　　创建画册

　　从零开始制作一本画册不会花费太长时间，而且完成这本画册后，将会掌握制作一本画册的诀窍。创建画册的过程实际很简单，因为 Lightroom 中已经添加了大约 180 种预先设计好的页面布局样式模板。

　　在"图库"模块中，我们可为选定好的画册照片创建一个新收藏夹（图 6-35）。如果已经确定照片在画册中的出现顺序，则按照这个顺序拖放照片。也可以稍后再决定顺序，但在下一步之前按照顺序排列好照片会使接下来的工作便捷许多。进入"画册"模块，在"画册设置"面板（位于右侧面板区域）中可以选择画册的尺寸、纸张类型、封面，甚至能够根据画册的页数和选择的货币种类估计画册的价格。

图 6-35

　　如果你关闭了"画册首选项"中的"自动填充选项"，那么所有的页面都是空白的。你可以打开右侧面板区域的"自动布局"面板，单击其中的"自动布局"按钮，让 Lightroom 自动填充。它将按照片出现在收藏夹中的顺序将照片填充到画册中。但是在单击"自动布局"按钮之前，我们可以自定义如何执行自动布局，在"自动布局"面板的顶部选择想要的预设。（图 6-36）

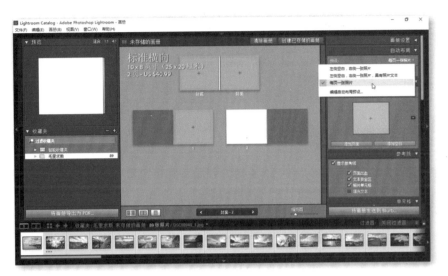

图 6-36

　　我们可隐藏左侧面板和顶部面板（按【F5】键隐藏顶部面板，按【F7】键隐藏左侧面板），使预览区域更大。单击"自动布局"按钮，它会自动在每页放置一张照片（图 6-37）。若想查看其他页面，只需要向下滚动鼠标即可。如果照片按照自己的构思顺序来排列，那么只需要为每张照片选择合适的尺寸。如果照片没有按照期望的顺序出现，就将照片按顺序拖放到画册页面中。

图 6-37

　　有一个功能可以在制作下一本画册时给予帮助：可以创建自己的自定预设，并将它们保存到相同的下拉菜单中。这样可以准确地按照自己希望的方式进行自动填充。例如，如果想要整本画册的照片都是方形，就可以将其设置为一个预设。若想创建自定预设，请从"自动布局"面板的"预设"下拉菜单中选择"编辑自动布局预设"，弹出"自动布局预设编辑器"对话框（图 6-38），在对话框中做相应设置。当前对话框中的状态是左侧页面的设置始终与右侧页面的设置保持同步（左侧与右侧相同）。

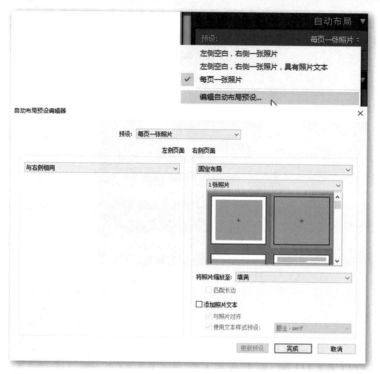

图 6-38

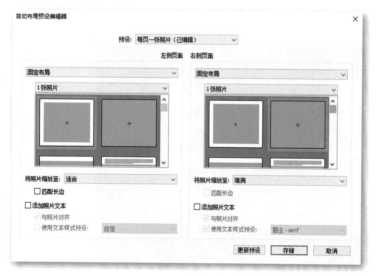

图 6-39

如果你没有选择自动布局，可以前往右侧面板区域中的"页面"面板，单击"添加页面"按钮来添加更多页面。

现在我们设置一个预设，使左侧页面的照片呈方形，而右侧页面的照片填满页面。在左侧页面区域，从顶部的下拉菜单中选择"固定布局"，并在其下方的下拉菜单中选择"1 张照片"，向下滚动到方形图像页面布局，并单击它。然后设置右侧页面为"固定布局"、"1 张照片"和"填满"页面布局。（图 6-39）单击"存储"按钮，并命名预设，这个布局就是可供选择的预设了。

提示　　隐藏叠加信息

在默认状态下，书籍信息（尺寸、页数和价格）会显示在预览窗格的左上角。如果不想看到这些信息，可以到"视图"菜单中取消选择"显示叠加信息"或按字母键【I】。

在"自动布局预设编辑器"对话框的"将照片缩放至"下拉菜单中，如果选择"适合"，将按比例缩小照片，使其适合照片框，照片将会恰好全部位于方框中（图 6-40 中的左侧图）。但是照片因为恰好全部位于方框中，实际上呈现的形状并不是方形。在这之后，我们可以用鼠标右键在每一张页面上单击照片，在弹出的菜单中选择"缩放照片以填满单元格"选项，通过打开或关闭的方式来更改。

图 6-40

如果想在照片的旁边添加题注，可以通过选中"使用文本样式预设"复选框，选择内置文本预设来实现（图 6-41）。

小贴士

如果选择了"填满"，用鼠标右键单击照片，然后向左或向右拖动，照片中希望看到的部分就会出现在方框内。

我们若发现两张照片需要交换位置，可以做相应调整。例如，画册中第 32 页和第 33 页中的照片可能需要交换。我们在第 32 页的照片上单击，将其拖到第 33 页上面。松开鼠标键后，这两张照片就交换了位置（图 6-42）。

从目前来看，我们都在多页视图模式下创建画册，但整合照片时，在两页跨页视图下工作更好。若想进入两页跨页视图，只需单击中央预览区域下方工具箱左侧的跨页视图按钮（从左边数第二个按钮，

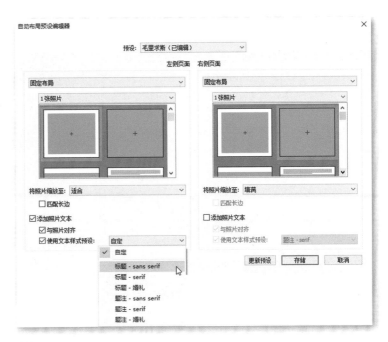

图 6-41

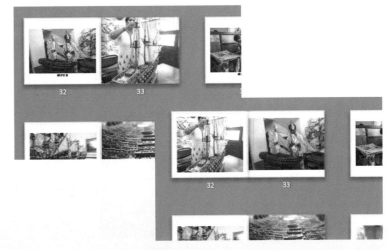

图 6-42

191

图 6-43

图 6-44

图 6-43）。此按钮的右边是单页视图按钮，左边是多页视图按钮。当使用跨页视图时，可以使用工具箱中央的左右箭头按钮来移动照片，但是一般只用键盘上的左右方向键来移动照片。

单击当前选中页面右下角的黑色小按钮（更改页面布局按钮）后，"修改页面"菜单将会出现（图 6-44）。首先选择想要在页面上放多少照片（在这个例子中，我们继续选择 1 张照片），然后一系列页面布局缩览图将出现在菜单底部，选中的布局将会以金色边框突出显示。带有文本线的布局样式告诉我们哪里可以添加故事、题注、标题及说明文本位置。

修改右边的页面，使其照片尺寸更小。请向下滚动列表，找到一个横向的灰色照片框，然后单击它（图 6-45），使其成为新页面布局样式。Lightroom 可以对每一个页面进行自定布局，而不是对整个画册应用同一个主题。这样就可以对页面进行混合搭配，并任意使用喜欢的布局样式，例如，可以为左侧页面选择旅行主题，而为右侧页面选择文本页面主题。

我们创建一个全新的页面布局之后，还能进行很多操作。单击选中照片，一个缩放滑块会出现在照片上方（图 6-46）。拖动该滑块可以放大或缩小照

图 6-45

片。如果放大幅度太大，用于打印照片的分辨率将不足。当这种情况发生时，Lightroom 会给予警告，提示照片放大得太多，现在照片无法清晰地打印，或者看起来像素化了。

图 6-46

小贴士

在双页布局下组合照片画册时，使其中一张照片更大一些，这张照片就成了跨页中的主要吸引力所在，可以吸引读者的目光。

如果希望照片周围出现更多白色空间，可将光标靠近照片边缘。当它变成双向箭头时，单击照片边缘并向内拖动，以缩小照片单元格的尺寸。另一种方法是进入"单元格"面板，拖动"边距"的"数量"滑块（图 6-47）。当向右拖动滑块时，单元格内照片的尺寸将缩小，照片周围的白色区域将变大。如果单击黑色向左的箭头，将展开 4 个滑块。它们用于调整上、下、左、右的边距。在默认状态下，这 4 个滑块的调整是同步的。若想只移动某一个滑块，则先取消勾选"链接全部"复选框，将同步调整功能关闭。

注意：即使选择了多个照片互相紧邻的页面布局，也可以通过此方法调整照片的边距。

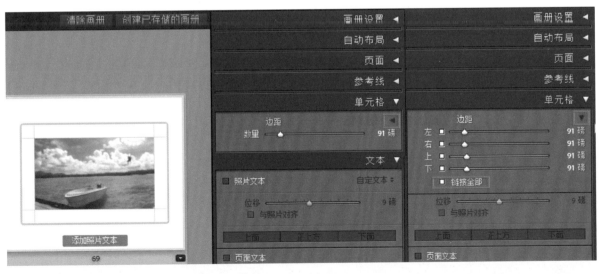

图 6-47

193

小贴士

若想从单元格中移除一张照片，可单击照片后按【Backspace】（Mac：【Delete】）键。这种方法不会把它从收藏夹中删除，所以我们仍然可以在胶片显示窗格内找到它，然后将其拖放入另一个页面。

如果想更改页面的背景色，可勾选"背景"面板中的"背景色"复选框，单击右边的色板打开背景色拾色器（图6-48）。单击顶部的任意一个预设色板，或者从下面的渐变色条中选择任意一种阴影。若想看到全部色彩，可向上拖动右侧渐变色条中的小横条，将其拖到色条的中间位置，显示出所有颜色。

为了增加页面的多样性，我们可使用"背景"面板的其他功能来改变页面（并且重新调整左侧页面中照片的尺寸）。除了纯色背景外，我们还可以从一个内置背景图形收藏夹中选择其他。勾选"背景"面板中的"图形"复选框，然后在背景图形框右侧单击黑色小按钮，打开"添加背景图形"菜单。菜单中有一系列内置背景。单击顶部的目录，然后向下滚动鼠标，找到想用的图形，单击选中，该图形即可出现在照片背景中。（图6-49）我们还可以使用面板底部的"不透明度"滑块控制背景图形的透明情况。

图 6-48

图 6-49

若只是想要一个背景图案，而不是做装饰用，则可以给照片背景添加垂直线，为它们选择合适的颜色。这里转换为单页视图模式，以便能更清晰地看到操作过程。首先，我们选择"旅行"选项，从下方的一系列图案中选择垂直线背景，并设置它的不透明度，然后单击"图形"复选框右侧的色板，打开图形拾色器，为图案选择一个喜欢的颜色。（图6-50）这里选择黄色，并且将不透明度增加到66%，使其能够看得更清楚。

图 6-50

如何使用照片作为背景？首先取消勾选"图形"复选框（图 6-51），然后在胶片显示窗格中选择一张做背景的照片，将其拖放到"背景"面板中央的方框中，这样，这张照片就成了照片背景。我们通常将这类背景照片设置为较低的不透明度（通常为10%~30%），这样就不会与主体照片冲突。如果想完全移除背景照片，只需用鼠标右键单击方框中的照片，然后选择删除照片即可。

图 6-51

让一张照片出现在两页跨页视图中能大大增强画册的视觉效果。通常一本画册中应添加两三个这样的两页跨页。若想创建它，可单击选中目标照片页，然后单击页面右下角的更改页面布局按钮，在"修改页面"菜单列表中选择"两页跨页"（图 6-52）。选项下方将出现一系列不同的页面布局。这里选择位于最上方的页面出血模板。

选择"两页跨页"模板之后，本来只在一页上的照片将会横跨两页。Lightroom 可以模拟页面出现在两页跨页中间的效果。如果希望调

图 6-52

图 6-53

图 6-54

整照片出现在双页上的位置，则需要稍微放大页面。单击照片以显示出缩放滑块（图 6-53），然后拖动滑块放大照片，直到照片尺寸让人满意为止（要注意出现在照片右上角的分辨率警告。如果照片缩放太多，它就会出现）。放大照片后，可以直接拖动照片来改变其位置。

按【Ctrl】+【E】（Mac：【Command】+【E】）组合键进入多页视图模式（图 6-54），然后移动跨页，让画册按照希望的顺序成书。若想移动一个两页的布局，可先单击第一页（左侧页），然后按住【Shift】键，在右侧页面上单击并选中它，接着单击两个选中页面的底部——页码区域，将两页拖放到画册中想要的位置。（如果没有单击页面下方的页码区域，系统会认为你只想移动一张照片）这样，通过拖放的方式，就能够把所有跨页图按照顺序排列好。

如图 6-55 所示，右侧面板区域的"参考线"面板中总共有 4 种参考线：①"页面出血"参考线。如果选择将照片填满页面，该参考线外的细小区域将会被裁减掉。②"文本安全区"参考线。它显示出可以添加文本的区域。这些文本不会因为处在跨页的连接区，或者太靠近外边缘而丢失。③"照片单元格"参考线。单击一张照片时，该参考线出现。④"填充文本"参考线。它只有在选择一个有文本的页面布局时才会出现，会在相应位置显示文字，提示文本从何处开始。

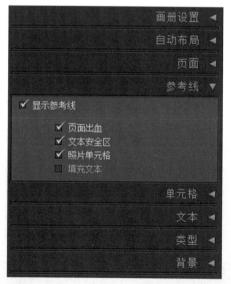

按照想要的形式创建好画册后，可以将画册发送至 Blurb，或者将画册保存为 PDF 或 JPEG 文件，然后打印出来。如果选择"Blurb"，需要选择纸张类型及是否愿意在书中结尾处添加 Blurb 的徽标，且面板下方还提供了该画册的估计价格（图 6-56）。如果选择保存为 PDF 或 JPEG 文件，需要设置照片的品质、颜色配置文件（sRGB 是许多照片工作室推荐的类型）、分辨率、锐化强度及媒体类型（图 6-57）。

图 6-55

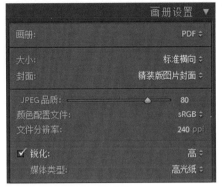

图 6-56   图 6-57

如果选择将画册从 Lightroom 直接发送到 Blurb 打印，则需前往右侧面板区域的底部，单击"将画册发送到 Blurb"按钮，打开"购买画册"对话框（图 6-58）。我们需要在此登录 Blurb 账户。如果没有账户，可以单击左下角的"不是成员？"按钮免费注册一个。登录之后，选择画册标题、画册副标题和添加画册作者名，然后单击"上载画册"按钮。

图 6-58

小贴士

胶片显示窗格中的照片上有数字（如 1 或 2 等）显示，那是在提示照片已经放入画册中并被使用过多少次。

要保存画册，请单击预览区域右上方的"创建已存储的画册"按钮，打开"创建画册"对话框，在"名称"后的文本框中输入画册的名称（图 6-59）。把创建的画册保存到收藏夹面板，使用起来会非常方便。

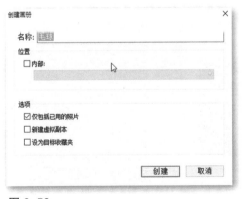

图 6-59

模块 6　　向画册添加图注

虽然 Lightroom 的文本编辑能力非常有限，但是当涉及画册时，Lightroom 具有功能齐全的"引擎"，以便用户设置文字的效果和文本的位置。下面将介绍向画册添加图注的方法。

图 6-60

图 6-61

有两种方法可以向画册中添加文本：① 选择一种带有文本区域的页面布局样式，只需单击文本框，输入文字即可。② 前往"文本"面板，勾选"照片文本"复选框（图 6-60），在任意页面上添加图注。现在我们看到一个黄色的水平文本框出现在照片底部，若想添加图注，单击文本框即可输入文字。

勾选"与照片对齐"复选框后，我们可以在照片单元格内输入文字，并保持图注与照片对齐。缩小单元格内的照片时，图注也会随之在单元格内缩小。我们可以使用"位移"滑块来精确调整图注与照片之间的距离。向右拖得越远，文本距离照片越远。（图 6-61）

我们还可以使用"位移"滑块下面的三个按钮选择将图注移到照片上方，或者直接放在照片上。例如单击"正上方"按钮（图 6-62），文本框将会出现在照片的正上方。拖动"位移"滑块可控制图注在照片内的高度（当你左右拖动它时，会看到图注向上或向下移动）。

图 6-62

在全页面照片布局上添加图注时，只能选择"正上方"按钮，因为照片的上面或下面已经没有空间放置图注了。

在默认状态下，文本与照片左边对齐。但是如果前往"类型"面板的底部，会看到一排对齐按钮，可以设置"左对齐"、"居中对齐"或者"右对齐"等（图 6-63）。

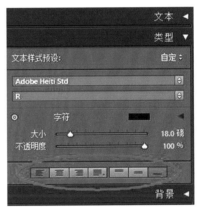

图 6-63

如果"类型"面板和图 6-63 所示的不一样，显示出的滑块很少，只需要单击"字符"右侧朝左的小箭头，就可以向下展开面板，显示更多选项。

"类型"面板中还有一些其他的标准控件，如"大小"、"不透明度"和"行距"，也有一些更高级的类型控件，如"字距调整"和"基线"（向上或向下移动单个字母或数字，使其高于或低于整个文本的基线。这对输入类似 H_2O 之类的文本有帮助）。我们还可以从靠近面板顶部的下拉菜单中选择字体和样式（如加粗、斜体等）。"类型"面板顶部还有一个非常好用的功能——"文本样式预设"。Adobe 公司使用流行的字体和样式预先创建了它们。所以，如果正在创建一本旅行画册，可以在"文本样式预设"下拉菜单（图 6-64）中选择"标题 –serif"。

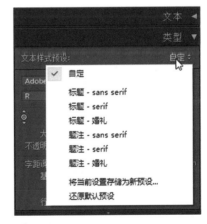

图 6-64

如果调整了文本，则可以将其保存为预设（从"文本样式预设"下拉菜单中选择"将当前设置存储为新预设…"）。如果想在图注旁边加入另一行文本，可转到"文本"面板，勾选"页面文本"复选框。这将在页面靠下的位置添加另一行文本框。我们可以使用"位移"滑块控制文本与照片边缘的距离。但是，请记住首先要选择以高亮显示文本。

如果想通过一种更加直观的方式来调整文本，请单击目标调整工具（图 6-65 中红色圆圈处），然后在文本上单击并直接拖动以更改其类型属性。

图 6-65

小贴士

如果选择了能添加很多文本的布局样式，则可以用"类型"面板底部的"列数"滑块将文本分割为多列，用"装订线"滑块控制列与列之间的间隔。

模块 7　　添加和自定义页码

思　考

Lightroom 中另一项优秀的画册模块功能是自动生成页码，可以控制页码的位置、格式（如字体、大小等），甚至页码的起始位置及在空白页面上隐藏页码。

实践操作

若想生成页码，请前往"页面"面板，勾选"页码"复选框（图 6-66）。在默认情况下，页码位于左侧页面的左下角和右侧页面的右下角。

在"页码"复选框右边的下拉菜单中我们可以选择页码显示的位置（图 6-67）。选择"顶部"或"底部"选项，页码将居中显示在页面顶部或底部。选择"侧面"选项，页码将放置在页面外部中央，而选择"顶角"或"底角"选项，页码将移动到页面顶部或底部一角。

页码出现后，我们可以单击任意页码，跳转到"类型"面板，选择页码显示的方式，如设定其字体、大小等。本例将字体修改为"Arial"，并将大小降为 18 磅（图 6-68）。

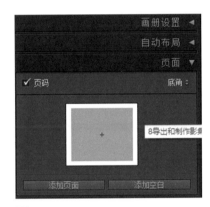

图 6-66

图 6-67

图 6-68

201

图 6–69

除了设置页码外观外，我们还可以选择页码起始的位置。例如，如果画册的第一页是空白页，我们则可以直接用鼠标右键单击在右侧页面的页码，然后从弹出的菜单中选择"起始页码"选项（图6–69）。最后，如果画册中有空白页，但我们不想打印这些页面中的页码，则可以用鼠标右键单击空白页面的页码，在弹出的菜单中选择"隐藏页码"选项。

模块 8   创建和保存自定布局

思考

Lightroom 4 及以前的版本不能保存用户的自定布局。用户可以将 Adobe 创建的模板标记为收藏夹，却不能保存自己从零开始创建的布局。可现在 Lightroom 中新增了这项功能，我们可以创建并保存自定布局了。

实践操作

单击画册布局中的一张照片，单击页面右下角的更改页面布局按钮，在弹出的菜单中选择"1张照片"，再选择页面出血的布局预设。（图 6-70）选择该预设的原因是它能让我们最大限度地自定义控件。现在，单击页面的外边缘，稍微向内拖动，就能看到单元格的边框。

在"单元格"面板中取消勾选"链接全部"复选框，这样可以随意移动各个单元格边框。对于该页面，我们想创建一个类似全景照片效果的裁剪方式，所以首先抓住单元格底部边框，并向上拖动缩放单元格各边，调整顶部和底部，直到照片布局方式看起来像全景式效果为止。设置好页面后，用鼠标右键单击页面内任意地方，在弹出的菜单中选择"存储为自定页面"（图 6-71）。

图 6-70

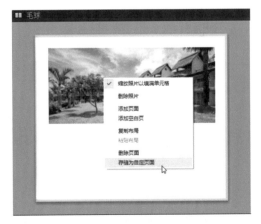

图 6-71

单击页面右下角的更改页面布局按钮，在"修改页面"菜单下选择"自定页面"（图6-72），列表下方就会显示出已保存自定布局的缩览图。

图6-72

单击想使用的布局（图6-73中左上方），该布局将会被应用到当前页面（图6-73中右下方）。

图6-73

小贴士

根据原始页面布局方式的不同，我们可能需要增加缩放量，使照片填满单元格。

模块 9　　创建封面文件

思考

Lightroom 具有强大的创建封面的功能，例如，在封面上创建多行文字、不同的文本框、不同的字体，以及在精装封面画册的书脊上添加文字等。

实践操作

单击封面页以激活，在照片底部的中央可以看到照片文本的字样。单击后，会在照片底部显示出文本框。此时该文本框中输入的任何文字都能出现在照片上。如果出于某种原因没有看到"照片文本"按钮，我们可打开"文本"面板，勾选"照片文本"复选框（图 6–74）。本例输入"博物馆"，但是由于默认字体颜色是黑色，所以我们需要调整字体颜色。

在默认情况下文本框出现在照片底部，但是我们可以使用"照片文本"区域中的"位移"滑块来调整文本框在页面中出现的位置。向右移动"位移"滑块越远，文本框移动的距离越远（图 6–75）。

图 6–74

图 6–75

把文本框放置在合适的位置后，我们可以在"类型"面板中调整文本的颜色、大小、行距、字距及对齐方式。首先改变字体和大小：单击并选中文本，在"类型"面板中，选择第一个下拉菜单中的字体并调整大小，此处选择的是"STXihei"，将大小调整为"45.9 磅"（图 6-76）。如果需要改变文本的颜色，只需单击"字符"颜色色板，打开拾色器，选择字体颜色。根据需要调整文本的位置，此处单击面板底部的"右对齐"按钮，把文本移动到右侧。

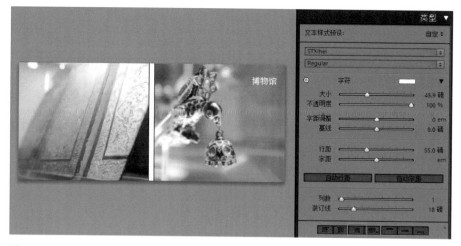

图 6-76

提 示 获取第二个文本框

回到"文本"面板，勾选"页面文本"复选框，则可以添加第二个文本框，并按照本节介绍的方法调整文本的位置和样式。

如果希望在同一个文本框中输入第二行文本，可将光标放置在最后一个文字后面，然后按【Enter】（Mac：【Return】）键。我们可以使第二行文字完全独立于第一行文字进行编辑。输入文本（这里输入"2016"）并选中它，然后选择不同的字体，并修改其大小。由于两行文字太接近，所以使用"行距"滑块控制两行文字的距离，在行与行之间增加更多空间（本例将其调整为"57.0 磅"，如图 6-77 所示）。最后，将文本框向下拖动。

图 6-77

在书脊上添加文本：将光标移动到书脊（封面和封底之间）上，一个竖向的文本框将会出现，单击便可以在书脊上添加文字（图6-78）。我们还可以编辑文本的字体、颜色、位置等。

图 6-78

提　示　　为书脊选择颜色

若要为书脊选择颜色，可前往"背景"面板，勾选"背景色"复选框，然后单击色板，选择一种新颜色。

另外，背景色拾色器出现后，在拾色器任意位置上单击鼠标并保持，然后在封面照片上移动吸管工具，也可以更改字体的颜色。

第七章

Lightroom

数码照片的展示与放映

模块 1　　使用 Lightroom 幻灯片放映

本节将介绍怎样使用Lightroom 内置的幻灯片放映模板快速创建幻灯片放映。这个过程很简单，但"幻灯片放映"模块真正强大的功能不仅限于这些，用户还可以自定和创建自己的幻灯片放映模板。

按【Ctrl】+【Alt】+【5】（Mac:【Command】+【Option】+【5】）组合键跳转到"幻灯片放映"模块。左侧面板区域内有一个"收藏夹"面板。用户可以直接访问收藏夹内的照片。首先，单击需要显示在幻灯片放映内的照片收藏夹，如图 7-1 所示。

图 7-1

注意：
　　如果将打算用在幻灯片放映的照片放在收藏夹内，操作会简单很多。如果相应的照片不在收藏夹内，请按字母键【G】转到"图库"模块，为将要使用的照片创建一个新的收藏夹。之后回到"幻灯片放映"模块，单击"收藏夹"面板内的该收藏夹。

　　在默认状态下，幻灯片的演示顺序与照片在胶片显示窗格内的顺序一样，幻灯片之间使用短暂的溶解过渡。如果只想让收藏夹内的一些照片出现在幻灯片内，可以转到胶片显示窗格，只选择这些照片，之后从中间预览区域下方工具箱中的"使用"下拉菜单内选择"选定的照片"（图 7-2）。

图 7-2

如果想要改变幻灯片的播放顺序，可以单击照片，然后按照想要的顺序拖放（图 7-3）。

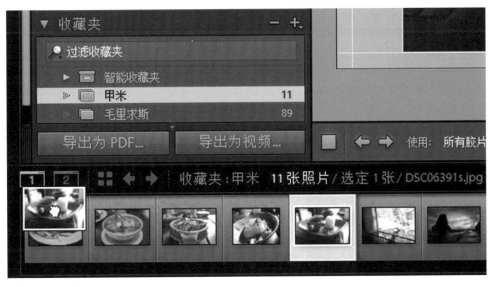

图 7-3

注意：可以随时在胶片显示窗格内单击和拖放照片来改变其在幻灯片内的显示顺序。

第一次切换到"幻灯片放映"模块时，系统按照默认的幻灯片放映模板显示照片。该模板具有浅灰色渐变背景，左上角用白色字母显示出身份标识（图 7-4）。单击胶片显示窗格内的其他任何照片，以观察幻灯片在当前幻灯片播放版面中的显示效果。

图 7-4

如果想尝试不同幻灯片放映的效果，可以使用 Lightroom 所带的任何一种内置幻灯片放映模板（位于"模板浏览器"面板内）。使用这些模板之前，可以把光标悬停在模板名称上方，预览每个模板的显示效果。如图 7-5 所示，把光标停在"题注和星级"模板上时，预览面板显示该模板具有浅灰色渐变背景，图像带有细细的白色描边和投影。虽然这与默认模板类似，但使用这个模板时，如果之前向照片添加了星级，星级会显示在照片的左上角，而如果在"图库"模块的"元数据"模板内添加了标题，标题就会显示在幻灯片的底部。

如果想快速预览幻灯片放映的效果，可转到中间预览区域下方的工具箱，单击预览按钮——一个朝右的三角形。要停止预览，请单击工具箱左侧的停止按钮；要暂停预览，请单击暂停按钮（图 7-6）。

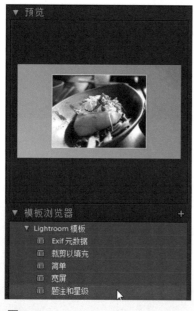

图 7-5

图 7-6

提 示 随机播放

幻灯片是按照胶片显示窗格内照片的排列顺序播放的。如果想让幻灯片随机播放，可以转到右侧面板区域内的"回放"面板，勾选"随机顺序"复选框。

如果想要删除幻灯片放映中的照片，可以在胶片显示窗格内的相应照片上单击，再按键盘上的【Backspace】(Mac:【Delete】) 键。

单击右侧面板区域底部的"播放"按钮（图7-7），幻灯片将以全屏方式播放。要退出全屏模式，回到"幻灯片放映"模块，只需按键盘上的【Esc】键即可。

提 示 创建即时幻灯片放映

你可以随时创建即时幻灯片放映，甚至不必进入"幻灯片放映"模块。无论处在哪个模块内，只要在胶片显示窗格中选择想要播放的照片，之后按【Ctrl】+【Enter】(Mac:【Command】+【Return】) 组合键，即以全屏方式播放。

图 7-7

模块 2　　自定义幻灯片放映

虽然 Lightroom 内置的幻灯片模板不错，但用户如果希望让放映更具有个性，比如改变背景颜色、添加文字说明等，就需要为幻灯片创建自定效果。

Lightroom 为大家创建幻灯片放映自定效果提供了一个很好的平台。首先转到"幻灯片放映"模块的"收藏夹"面板（位于左侧面板区域内），单击想要使用的照片收藏夹。转到"模板浏览器"面板，单击"Exif 元数据"，以载入该模板。如图 7-8 所示，照片被放置在黑色背景上，边缘带着细细的白色边框，关于照片的信息显示在黑色背景区域的右上角、右下角，身份标识显示在左上角。

载入模板后，就不需要左侧的面板了，因此可按键盘上的【F7】键隐藏左侧面板区域。现在要做的第一件事是消除所有 Exif 元数据信息，转到右侧面板区域的"叠加"面板，取消勾选"叠加文本"复选框（图 7-9）即可。之后，照片的身份标识仍然可见，但照片右上角、右下角的信息将被隐藏。

图 7-8

图 7-9

调整自定文本的大小

　　创建自定文本之后，可以使用角点改变其大小，向外拖动使文字变大，向内拖动使文字变小。

　　现在选择幻灯片内照片的大小。把照片缩小一点，然后使其向幻灯片上部移动，以便在照片下方添加摄影工作室的名字。将照片定位在 4 个页边距（左、右、上、下）内。我们可以在右侧面板区域的"布局"面板内控制这些页边距的大小。要看到页边距，请勾选"显示参考线"复选框。在默认状态下，所有 4 个页边距的参考线是同步的。如果把左页边距增加到 81 像素，其他页边距也都将调整到 81 像素。若想独立调整各页边距，首先取消勾选"链接全部"复选框（图 7-10），取消页边距之间的关联（每个页边距滑块前的小方块变灰）。调整左、右、下页边距滑块，这时会看到照片向内缩小，照片右方留下更大的边距。

图 7-10

移动参考线

　　把光标移动到参考线上，就会看到光标变成一个双向箭头。此时单击并拖动页边距参考线就可调整照片大小。如果把光标移动到两条参考线交叉的边角处，就可以沿对角线方向拖动，同时调整这两条参考线。

　　现在，照片的位置已经设置好了。单击照片的身份标识，并拖动到照片下方居中位置（图 7-11）。

图 7-11

　　缩放以填充整个框

若照片的边缘和页边距参考线之间有间隙，则勾选"缩放以填充整个框"复选框立刻填充该间隙。照片大小将按比例增加，直到完全充满页边距内的区域为止。

若自定身份标识文字，则转到"叠加"面板，单击身份标识预览右下角的小三角形，在弹出的菜单中选择"编辑"，打开"身份标识编辑器"对话框（图 7-12），输入想要在每幅照片下

图 7-12

显示的内容。在本例中，我们输入"Lightroom CC"，字体选择"36"磅的"Calibri"。单击色板，把字体颜色暂时修改为白色，使之更容易辨认，单击"确定"按钮完成编辑。除了选择合适的文字大小外，还可以使用以下两种方法改变身份标识字体的大小：一是拖动"比例"滑块（位于"叠加"面板内）；二是单击幻灯片上的身份标识文字，之后单击并向外拖动任意一个角点。

自定幻灯片布局效果：按【Ctrl】+【Shift】+【H】（Mac:【Command】+【Shift】+【H】）组合键隐藏页边距参考线，或者转到"布局"面板取消勾选"显示参考线"复选框。如果观察照片下方的文字，会发现文字不够亮白——实际上是很浅的灰色。为了得到更细微的浅灰色效果，我们可以降低"叠加"面板内身份标识区域内的"不透明度"的数值（把身份标识的不透明度降低到 60%，如图 7-13 所示）。此外，如果想旋转身份标识文字，可先单击文字，然后使用下方工具箱内的两个旋转箭头。

我们还可以把幻灯片的背景颜色更改为自己喜欢的颜色。具体操作如下：转到"背景"面板。单击"背景色"复选框右边的色板，打开拾色器，从中可以选择喜欢的任何颜色（图 7-14）。这里更改为深灰色。

图 7-13

图 7-14

在灰色背景下，我们可以看到这个 Exif 元数据模板在该设计包含的图像上带有投影，但在处于纯黑色背景时，投影是看不见的。无论怎样，我们在"选项"面板内都可以控制投影的大小、不透明度和方向，所以为了使投影变得更柔和，可以适当增加半径，并把投影的不透明度降低一点，以得到图 7-15 所示的效果。

接下来我们将图像区域变为正方形，为这种布局的幻灯片放映添加艺术效果。首先按【Ctrl】+【Shift】+【H】（Mac：【Command】+【Shift】+【H】）组合键使参考线出现，使其构成一个正方形。然而，移动参考线只是以相同的长宽比调整正方形单元格内照片的尺寸，而不是将照片裁剪为正方形。这时我们需要转到"选项"面板，勾选"缩放以填充整个框"复选框。在这里，我们用该面板内"绘制边框"复选框下方的"宽度"滑块在图像周围添加一个较粗的描边。（图 7-16）

图 7-15

图 7-16

为了能够直接应用上面的设置，我们需要保存模板。按【F7】键显示出左侧面板区域。之后转到左侧"模板浏览器"面板，单击该面板标题右侧的"+"（加号）按钮，弹出"新建模板"对话框。我们可以给模板命名，选择模板的存储位置。本例把模板存储在"用户模板"下，如图 7-17 所示。我们也可以从"文件夹"下拉菜单内选择新建自己的文件夹，把面板存储在其中。

图 7-17

　　把自定幻灯片设计存储为模板后，我们可以把与此完全相同的效果应用到完全不同的照片上：转到"幻灯片放映"模块，在"收藏夹"面板内单击不同的收藏夹。之后，在"模板浏览器"面板中的"用户模板"下单击选择"正方形"。（图7-18）

图 7-18

模块 3 在放映中添加视频

Lightroom 在"幻灯片放映"模块中拥有视频播放的功能，可以在同一个幻灯片放映中同时拥有视频剪辑和静态图像，扩展了工作范围。比如在放映照片之后，播放拍摄或者制作幕后视频会让放映过程更具有乐趣和分享的意义。

先在"图库"模块中创建一个包含幻灯片放映中视频和照片的收藏夹。本例选择的是"拜县"收藏夹（图 7–19）。然后，按【Ctrl】+【Alt】+【5】（Mac：【Command】+【Option】+【5】）组合键转到"幻灯片放映"模块。

图 7–19

视频和照片在胶片显示窗格中的顺序就是视频和照片的放映顺序，所以请先按照期望的顺序排列。选择左侧"模板浏览器"面板中的"裁剪以填充"或者"宽屏"预设（图 7–20）。

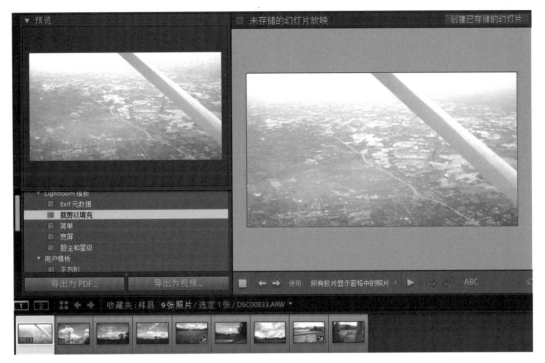

图 7-20

　　"回放"面板中有一个重要的滑块——"音频平衡"滑块（图 7-21）。如果将该滑块拖到最右端，就只能听到背景音乐；如果将该滑块拖到最左端，就只能听到视频文件的音频；如果将其拖放到中间位置，就可以对等地听到两种声音。我们可以向左或向右移动该滑块，按照喜欢的方式平衡二者。

　　若想查看幻灯片放映的预览效果，可以单击右侧面板区域底部的"预览"按钮，放映幻灯片，按照顺序在视频和静态图像之间切换，中间应用溶解过渡［由"回放"面板的"交叉淡化"滑块（图 7-22）控制］。

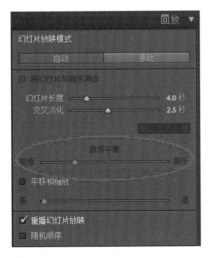

图 7-21

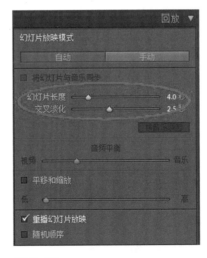

图 7-22

221

模块 4　　制作片头和结束字幕

自定幻灯片放映的一大优势就是可以自定片头和结束字幕幻灯片。除了美观之外，开始幻灯片还有一个重要作用——隐藏即将展示的第一张幻灯片，保留一丝神秘感。

首先，我们可以在"标题"面板内创建开始/结束幻灯片。要打开该功能，请勾选"介绍屏幕"复选框。几秒钟之后，标题屏幕就会显示出来（图7-23）。在默认情况下，屏幕标题将显示该计算机用户名。之后系统再显示第一张幻灯片。这里介绍一种小技巧：直接在"比例"滑块上单击并保持（图7-24），标题屏幕将一直保持可见。"介绍屏幕"右边的色板可用于选择背景颜色（默认背景颜色是黑色）。如果要添加身份标识文字或者图形，可以勾选"添加身份标识"复选框。

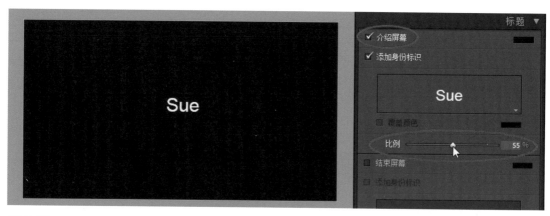

图 7-23

图 7-24

如果要定制身份标识文字，可单击身份标识预览右下角的小三角形，从弹出的菜单中选择"编辑"，打开"身份标识编辑器"对话框（图7-24）。输入喜欢的文字，从字体下拉菜单内选择字体，从字号下拉菜单内选择字号，然后单击"确定"按钮，向介绍屏幕应用该文字。

注意：如果文本为白色，那么在该对话框内不可能看到，因此输入前后要突出显示文本。

"覆盖颜色"复选框可以控制身份标识文字的颜色。选中之后，请单击其右边的色板，打开拾色器面板（图7-25）。位于上部的是一些常用的颜色，如白色、黑色及不同层次的灰色。我们可以从中选择一种，或者上下拖动右侧的色块条选择色相，之后从大拾色器中选择颜色的饱和度。使用"比例"滑块还可以控制身份标识文字的大小。

图 7-25

要改变介绍屏幕背景的颜色，只要单击"介绍屏幕"复选框右侧的色板选择喜欢的颜色即可。本例把背景更改为栗色，并修改了身份标识的颜色，使其与背景色相匹配（图7-26）。将所有文字格式调整好后就可以在预览区域内预览幻灯片放映了。结束屏幕的处理方式与介绍屏幕的相同。

图 7-26

模块 5 插入背景音乐

合适的背景音乐能够使幻灯片放映产生完全不同的效果。Lightroom 允许向幻灯片添加背景音乐，甚至可以把音乐嵌入幻灯片放映中。

在"音乐"面板中单击"+"按钮添加音乐（图 7-27），弹出"选择要播放的音乐文件"对话框，从中选择在幻灯片放映时想要播放的音乐文件，并单击"选择"按钮。

提示 添加多条音轨

图 7-27

添加完第一首音乐后，如果要再添加更多的音乐，可转到"音乐"面板，再次单击添加音乐按钮，然后做相应操作。查看"音乐"面板上的持续时间列表可以知道所有曲子播放完所需的时间。

如果想让 Lightroom 自动调整幻灯片放映的时长，使之与所选择的音乐长度相匹配，可以单击"回放"面板中的"按音乐调整"按钮（图 7-28 中红色圆圈处）。其作用是根据音乐的长度调整幻灯片的时长和渐隐时间。

提示 自动同步音乐

图 7-28

Lightroom CC 新增的一项功能：把音乐自动同步到幻灯片放映当中。我们只要在"回放"面板中勾选"将幻灯片与音乐同步"复选框，系统就能自动分析音轨，根据节奏和每段的间隔来选择最适合切换至下一张幻灯片的位置。

模块 6　　添加文字行和水印

Lightroom　思考

除了使用身份标识添加文本之外，我们还可以给照片添加其他文字行。也可以给幻灯片放映照片添加水印，以便在把幻灯片发送给客户或者把它发布到网络上时使用。

实践操作

要添加文本，请单击工具箱内的"ABC"按钮（图7-29中红色圆圈处），这时右边会显示出一个下拉菜单和文本字段。在下拉菜单中选择"自定文本"，并在文本字段内简单输入想要添加的文字，之后按【Enter】（Mac：【Return】）键，文本就会显示在幻灯片上。要调整文本大小，请在任意一个角点上单击并拖动。要移动文本，只需在其上单击，并拖放到目标位置。

在工具箱内的"自定文本"这4个字上单击，将会弹出下拉菜单（图7-29）。我们从中可以选择嵌入在照片元数据内的文本。例如，如果选择"日期"，就会显示出照片的拍摄日期。

图 7-29

如果照片需要添加水印，请转到"叠加"面板，勾选"添加水印"复选框（图7-30），之后从下拉菜单内选择水印预设。使用水印而不是自定文本的优点是可以使用预先新建的模板，降低不透明度，也不会完全遮挡其后面的图像。

图 7-30

225

模块 7　设置渐隐时长

思　考

　　除了选择音乐之外，"幻灯片放映"模块内的"回放"面板还可用于选择每张幻灯片在屏幕上停留的时长，以及两张幻灯片之间过渡的时长。我们可以选择按顺序或者随机播放，放映完最后一张幻灯片之后是重复播放还是结束，以及是否提前准备预览，以使幻灯片放映不会因等待图像数据的渲染而中断显示。

实践操作

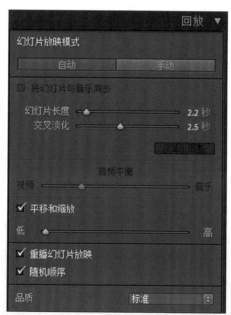

图 7-31

图 7-32

　　要选择幻灯片在屏幕上的停留时间，请转到"回放"面板，在"自动"选项卡下拖动"幻灯片长度"滑块（图 7-31），选择每张照片应该在屏幕上显示的时间。使用"交叉淡化"滑块选择照片之间渐隐过渡应该持续多长时间。如果想自己手动放映幻灯片（如当你使用幻灯片做讲座或讲课时），可单击"手动"按钮。当幻灯片开始放映时，使用右方向键移动至下一张幻灯片。

　　在"回放"面板中还有几个控件（图 7-32）需要介绍：① 在默认状态下，幻灯片按照在胶片显示窗格内的排列顺序播放，除非勾选了"随机顺序"复选框。② 在默认状态下，在播放完胶片显示窗格内的最后一张幻灯片后，幻灯片将循环放映，除非取消勾选"重播幻灯片放映"复选框。③ Lightroom CC 新增了"肯伯恩斯效果"，能使照片在屏幕上逐渐放大并移动，为幻灯片放映增加动感。只需使用"平移和缩放"复选框就可以打开或关闭该效果。其下方的滑块用于控制强度："低"表示移动缓慢，"高"表示移动迅速。

模块 8　导出幻灯片

如果想向别人展示幻灯片放映效果，可以直接在 Lightroom 内演示或者进行导出后发布。Lightroom 可以把幻灯片放映文件输出为多种不同的格式。如果没有背景音乐也可以 PDF 格式保存幻灯片。

要把幻灯片放映文件保存为带有背景音乐的视频格式，可单击左侧面板区域底部的"导出为视频"按钮（图 7–33）。

提示　在不同的屏幕尺寸下查看预览

怎样以不同的输出长宽比来预览幻灯片呢？只需打开"布局"面板，从底部的"长宽比预览"下拉菜单中选择所需预览的尺寸即可。

单击"导出为视频 ..."按钮后，会弹出"将幻灯片放映导出为视频"对话框（图 7–34）。"视频预设"下拉菜单中列出了视频的不同尺寸。选择一种视频预设尺寸之后，这个下拉菜单下方会显示出这个尺寸最适合哪种应用，以及哪种类型的设备或软件能够读取这个文件。因此，在为幻灯片放映命名，并选择想要的尺寸后，单击"保存"（Mac："导出"）按钮，就能按照所选尺寸及与所选视频类型兼容的格式新建文件了。

单击"导出为 PDF..."按钮可以 PDF 格式保存幻灯片放映文件。PDF 格式文件适用于电子邮件发送，因为可以大大地压缩文件，但是，其缺点是不能保存所添加的任何背景音乐，而这对很多人来说是一大损

图 7–33

图 7–34

227

失。单击左侧面板区域底部的"导出为 PDF..."按钮后会弹出"将幻灯片放映导出为 PDF 格式"对话框（图 7–35）。为幻灯片放映文件命名之后，可利用该对话框底部的"品质"滑块设定文件大小。品质越高，文件越大。

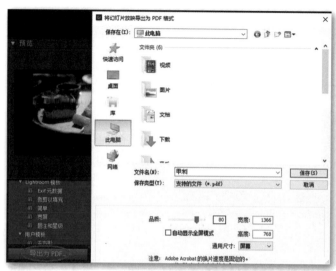

图 7–35

小贴士

如果打算把 PDF 格式的幻灯片放映文件发送给客户审查，则一定要先转到"幻灯片放映"模块，在创建 PDF 文件前使文件名文字叠加可见。

附 录

L i g h t r o o m

Lightroom CC 操作速览

◎ 直接将照片拖入 Lightroom

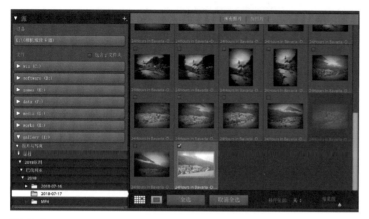

图 8-1

将计算机某个文件夹中的一张图片（或者一组照片）直接拖到 Lightroom 图标（如果是苹果计算机，就是 Dock 图标）上，不仅可以自动打开 Lightroom 的导入界面，还能自动选择照片当前所在的文件夹（图 8-1）。更加智能的是，如果文件夹内有二三十张图片，在导入窗口中，拖到图标上的那些照片旁边就会出现选取标记。

◎ 改变网格视图缩览图大小

在“图库”模块的网格视图下，想改变缩览图尺寸，不必显示出中央预览区域底部的工具栏，使用键盘上的【+】（加号）和【-】（减号）键即可。这种方法在导入窗口内也可以使用。

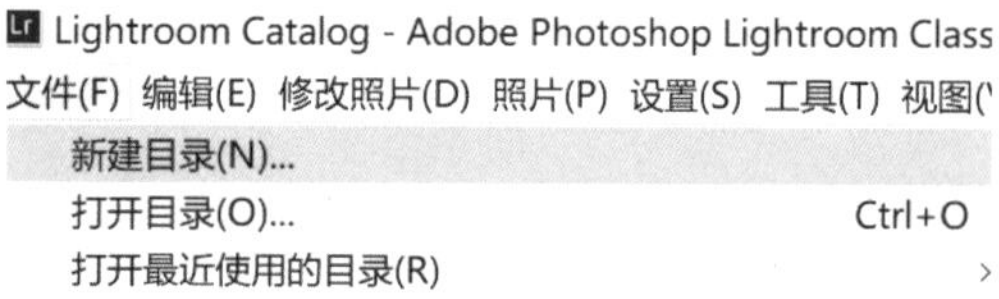

Lightroom Catalog - Adobe Photoshop Lightroom Class
文件(F) 编辑(E) 修改照片(D) 照片(P) 设置(S) 工具(T) 视图(
新建目录(N)...
打开目录(O)... Ctrl+O
打开最近使用的目录(R)

图 8-2

◎ 使用单独的目录使 Lightroom 运行速度更快

例如，全职婚礼摄影师可以使用不同的 Lightroom 目录策略，从“文件”菜单中选择“新建目录”（图 8-2），为每个婚礼创建一个单独的 Lightroom 目录。在婚礼上，摄影师通常需要拍摄上千张照片。使用单独的目录会让 Lightroom 加速。

◎ 找回上一次导入的照片

Lightroom 会记录上一次导入的那组照片。单击“目录”面板（位于“图库”模板的左侧面板区域）中的“上一次导入”，立即可以找到那些照片。更快捷的方法是转到下方的胶片显示窗格，在左边看到当前照片的名称后，单击它并保持，从弹出的下拉菜单中选择“上一次导入”（图 8-3）。

所有照片
快捷收藏夹
✓ 上一次导入
收藏的源:
无收藏夹

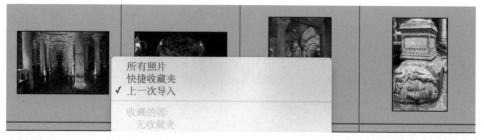

图 8-3

◎ 一次拍摄使用多张存储卡

如果拍摄同一个对象时用了两到三张存储卡，则要在"文件重命名"面板的"模板"下拉菜单中选择"自定名称 – 序列编号"，再添加一个"起始编号"字段，在该字段内输入每张存储卡所导入照片的起始编号（而不是像自定名称模板那样总是从 1 开始编号）。例如，第一张存储卡中存入了 236 张照片，第二张存储卡的起始编号就应该是 237（图 8–4）。

图 8–4

◎ 把照片转换为 DNG 格式

如果没有选择导入窗口顶部中央的"复制为 DNG"，而想以这种格式存储导入的照片，则可以采用以下方法把已经导入的照片转换为 DNG 格式：单击照片，转到"图库"菜单，选择将"照片转换为 DNG 格式 ..."（图 8–5）。虽然从技术上来说系统可以把 JPEG 和 TIFF 格式转换为 DNG 格式，但把它们转换为 DNG 格式没有任何好处，因此系统只把 RAW 格式转换为 DNG 格式。这些 DNG 格式照片将替换在 Lightroom 内看到的 RAW 格式照片，那些 RAW 格式照片仍保留在计算机上相同的文件夹内（但 Lightroom 提供了一个功能，可以在转换时删除原来的 RAW 文件）。

图 8–5

◎ 使用 DNG 文件，节约存储空间

在导入 RAW 格式文件时，单击导入窗口顶部中央的"复制为 DNG"，可以节省 15%~20% 的硬盘空间（在大多数情况下）。

图 8–6

◎ 在文件夹内组织照片

在导入照片时，我们可以在"目标位置"面板内选择照片的组织方式。如果没有勾选"至子文件夹"复选框，而从"组织"下拉菜单内选择"到一个文件夹中"，Lightroom 就会把这些照片放入你在导入窗口右上角的"到"部分内所选择的文件夹，而不会把它们组织到自己单独的文件夹内。如果选择了"到一个文件夹中"选项，建议勾选"至子文件夹"复选框（图 8–7），之后为该文件夹命名。这样就会把照片导入单独的文件夹中。否则，这些文件夹很快会变得非常混乱。

图 8–7

图 8-8

◎ 节省导入到现有文件夹的时间

如果想要把照片导入已经创建的文件夹内，只要转到"图库"模块的"文件夹"面板，在该文件夹上右击，从弹出的菜单中选择"导入到此文件夹 …"（图 8-8）即可。

◎ 导入和编辑 PSD 等更多格式

Lightroom CC 可以导入 PSD 格式文件，以及处于 CMYK 模式或灰度模式的照片。如果丢失了原始文件，请使用智能预览。Lightroom 创建的比原始图像小的智能预览通常也相当大（长边有 2 540 像素）。如果丢失了原始图像（这时常发生），至少可以将智能预览导出为 DNG 文件，这样将拥有一个实体文件——只是达不到原始文件的分辨率了。

◎ 弹出存储卡

如果觉得不再需要导入任何内容，想弹出相机存储卡，请直接在导入窗口"源"面板内的该存储卡上右击，之后从弹出的菜单中选择"弹出"。如果插入新卡，请单击该窗口左上角的"从"按钮，从弹出的菜单中选择它。

◎ 只查看视频剪辑

首先从胶片显示窗格左上侧的路径下拉菜单中选择所有照片。之后，在"图库"模块内，转到该窗口顶部的图库过滤器。如果看不

图 8-9

到它，则请按【\】键，单击"属性"。然后在"类型"的右侧，单击视频按钮（从左往右数第三个看起来像胶片的图标，图 8-9）。它只显示出 Lightroom 内的视频剪辑。

◎ 前进与否

联机拍摄时，新照片一进来，就可以在屏幕上看到全尺寸照片。如果想控制某张照片显示在屏幕上，以及显示多长时间，可转到"文件"菜单，关闭"联机拍摄"子菜单下的"自动前进选择"。可以使用键盘上的左 / 右箭头键移动照片。

◎ 隐藏不需要的文件夹

如果导入的照片已经位于计算机上，"源"面板内的文件夹列表会变得很长、很杂乱。现在我们可以隐藏多余的文件夹。一旦找到需要导入照片的文件夹，只要在其上双击，其他所有文件夹就会隐藏起来。

◎ 隐藏编辑标记

随时按键盘上的字母键【H】可以隐藏调整画笔、径向滤镜和渐变滤镜的编辑标记。要再显示它们，按字母键【H】即可。

◎ 添加新的编辑标记的快捷方式

进行本地调整时，如果想快速添加新的编辑标记（而不是回到面板上去单击"新建"按钮），只要按键盘上的【Enter】（Mac：【Return】）键即可。

◎ 隐藏画笔选项

设置好 A 画笔和 B 画笔之后，单击"擦除"右侧朝下的三角形，可以隐藏其余画笔选项。

◎ 滚轮技巧

如果鼠标带有滚轮，可以使用滚轮改变画笔的大小。

◎ 控制流畅度

使用键盘上的数字键可控制画笔的流畅度：3 表示 30%，4 表示 40%，以此类推。

◎ "擦除"按钮

"擦除"按钮（位于画笔区域）不会擦除图像，只是用于修改画笔。如果选择用它进行涂抹，将擦除蒙版而不是再次绘图。

◎ 选择着色颜色

如果想以当前照片内出现的颜色绘图，首先从"效果"下拉菜单内选择"颜色"，之后单击色板，在打开的拾色器中，用鼠标左键单击并保持吸管光标，再把光标移到照片上。这样，光标在照片中移动位置处的颜色将成为拾色器内的目标颜色。找到喜欢的颜色之后，释放鼠标左键。要把该颜色保存到色板，需用鼠标右键单击现有色板之一，在弹出的菜单中选择"将该色板设置为当前颜色"选项。

◎ 显示 / 隐藏调整蒙版

在默认状态下，把光标放置到编辑标记上会显示出蒙版。如果希望在绘图时蒙版一直保持显示，可按键盘上的字母键【O】，切换蒙版是否显示的状态。

233

◎ 改变蒙版的颜色

当蒙版显示时（把光标放置到编辑标记上），按键盘上的【Shift】+【O】组合键可以改变蒙版的颜色（在红、绿、白、灰4种颜色之间切换）。

◎ 使渐变反向

给照片添加渐变滤镜后，按键盘上的【'】键可以使渐变反向。

◎ 从中央缩放渐变滤镜

在默认状态下，渐变从单击位置开始（一般从顶部或底部等处开始）。如果在拖动渐变时按住【Alt】（Mac:【Option】）键并保持，它就会从中央开始向外绘制。

◎ 改变效果的强度

应用渐变滤镜后，可用键盘上的左、右方向键控制最后一次调整效果的数量。如果是调整画笔添加效果，则使用上、下方向键。

◎ 在两支画笔预设之间切换

要在两支画笔预设之间切换，只需按键盘上的【/】键即可。

◎ 改变柔和度

按【Shift】+【]】组合键可以使画笔变得柔和，按【Shift】+【[】组合键可以使画笔变硬。

◎ 自动蒙版提示

勾选"自动蒙版"复选框，沿着边缘绘图，可为照片添加蒙版。例如，在山脉风光照片中的天空上绘图，使它变暗之后，山脉的边缘很可能会出现细小的光晕。要消除它们，只需使用小画笔，在这些区域上绘图即可。"自动蒙版"功能能够防止绘图溢出到山脉上。按字母键【A】可以切换"自动蒙版"功能的开关状态。

◎ 绘制直线

用调整画笔在照片上单击一次，之后按住【Shift】键并保持，再在照片上的其他位置绘图，就可以在这两点之间绘出一条直线。

◎ "复位"按钮意味着"重新开始"

234

这项功能给很多人带来惊喜。单击调整面板底部的"复位"按钮不只是复位滑块，还会删除所有创建的调整，使其彻底从零开始。如果只想复位当前选中编辑标记的滑块，只需要在面板顶部左侧的"效果"二字上双击。

◎ 在 Lightroom 中实现模糊效果

如果需要轻微的模糊效果，则需转到调整画笔，从"效果"下拉菜单内选择"锐化程度"，然后将"锐化程度"滑块向左拖曳至"-100"，进行绘图。这样可以快速创建浅景深效果。

◎ 效果加倍

若想使调整的效果加倍，则按住【Ctrl】+【Alt】（Mac:【Command】+【Option】）组合键并单击激活的编辑标记，稍微拖动一点以复制原始标记，再将其拖动到原始标记上。这种复制可以使效果加倍（类似将一个效果叠加到另一个效果上）。如果想调整底部的编辑标记，需要将顶部的标记拖开，单击底部的标记，进行修改，再将另一个标记拖回原处。

◎ 删除调整

如果想删除做过的任何调整，可单击编辑标记选择该调整，然后按键盘上的【Backspace】（Mac：【Delete】）键。

◎ 使选择相机配置文件变得更容易

为了使选择相机校准面板的配置文件更容易，可尝试如下方法：将数码相机设置为以 RAW 和 JPEG 格式拍摄。按下快门按钮时，将拍摄两张照片——一张为 RAW 格式，另一张为 JPEG 格式。把它们导入 Lightroom 时，得到的 RAW 和 JPEG 格式照片将并列显示，这样就更容易为 RAW 格式照片选择与相机创建的 JPEG 格式相匹配的配置文件。

◎ 选择哪个是修改前视图

在默认状态下，在"修改照片"模块内按【\】键，会在修改前视图和编辑后的显示效果之间来回切换。如果不想让修改前视图是初始照片该怎么办？例如，在"基本"面板内对肖像做了一些基本编辑，之后使用调整画笔执行了一些肖像修饰操作，希望修改前视图显示应用基本编辑后，开始修饰之前的效果。要实现这一点，请转到左侧区域内的"历史记录"面板，找到开始使用调整画笔前的那个步骤，用鼠标右键单击该历史状态，并选择将历史记录步骤设置复制到修改前，然后按【\】键使该记录对应的视图成为新的修改前视图。

◎ 不通过创建虚拟副本得到照片的不同版本

在"修改照片"模块内，看到喜爱的照片的某个版本时，按【Ctrl】+【N】（Mac:【Command】+【N】）组合键，当时的照片显示效果将被保存到"快照"面板并需要命名。用这种方法可以将黑白版本、双色调版本、彩色版本、带某种特效的版本分别作为一个快照。只需单击一次就可以查看任一快照，不必在"历史记录"面板内滚动并费力查找各种显示效果所在的位置。

◎ 为 JPEG 和 TIFF 格式照片创建白平衡预设

JPEG 和 TIFF 格式照片唯一可选的白平衡预设是"自动"。下面有更多选择：打开一张 RAW 格式的照片，并只进行一项编辑——将白平衡预设选择为"日光"。将这种修改保存为预设，并取名"白平衡日光"。对每种白平衡预设进行类似操作，并分别保存为预设。当打开一张 JPEG 或 TIFF 格式的照片时，就可以通过单击一次这样的白平衡预设，得到相似的效果。

◎ 获得胶片颗粒外观

如果想模拟胶片颗粒外观效果，"效果"面板中正好有一功能可以使用（若想真正看到颗粒，首先要调到 100% 视图）。"颗粒"下的"数量"（一般最多不会超过 40，通常尽量保持在 15~30）调得越高，就会有越多颗粒添加到照片中。"大小"滑块可以帮你选择颗粒以多大的尺寸出现（尺寸适当小点时，看起来更真实）。"粗糙度"滑块可以帮你改变颗粒的一致性。"粗糙度"滑块越向右拖动，颗粒越多变。当进行打印时，颗粒会消失一些。如果照片要打印，可能需要多使用一些颗粒。

◎ 绘制双色调

为黑白照片创建双色调效果的一种方法：单击调整画笔，之后在弹出的选项中，从"效果"下拉菜单内选择"颜色"；单击色板，在拾色器中选择想要的颜色，再关闭拾色器；取消勾选"自动蒙版"复选框，在照片上绘图。绘图时会保留所有细节，只应用双色调颜色。

◎ 获得修改前、修改后黑白图像

编辑黑白图像之后按【\】键不能看到以前的图像，是因为开始是从彩色图像开始编辑的（按【\】只能显示原来的彩色图像）。这里有两种方法可以解决这个问题；① 转换为黑白图像后，立即按【Ctrl】+【N】（Mac：【Command】+【N】）组合键把该转换保存为快照。现在可以随时单击"快照"面板内的快照回到原来的黑白图像。② 在转换为黑白图像后，按【Ctrl】+【'】（Mac：【Command】+【'】）组合键创建虚拟副本，对副本进行编辑。这样就可以使用【\】键将原始转换效果与调整后的效果进行比较了。

◎ 使用"细节"面板的预览窗口清理污点

"细节"面板中的预览窗口提供了图像的 100%（1：1）视图。我们从中可以看到锐化和杂色调整的效果。在消除污点时最好也使其保持打开状态，以保证当照片以适合的尺寸显示时，仍能在"细节"面板的预览窗口中清楚地看到正在校正的区域。

◎ Upright 的锁定裁剪提示

锁定裁剪功能深受喜爱，打开后，可以自动裁剪掉 Upright 自动校正后留下的白色边缘。这里有一个小提示：如果不喜欢它裁剪照片的方式（或者希望看到更多照片顶部或两边的部分），只取消勾选"锁定裁剪"复选框不会起到任何作用，必须关闭顶部工具箱的裁剪叠加工具，这样才能显示整个未被裁剪、带有裁剪边缘的照片。

◎ Upright 为你自动裁剪

当单击 Upright "自动"按钮来校正透视问题时，其实想的是——"全部帮我完成"，所以它通常会自动裁剪照片（有时候根据照片情况，它并不裁剪）。如果执行自动裁剪，就无法再调整成锁定裁剪功能，因为打开后，可以自动裁剪掉 Upright 自动校正后留下的白色边缘。

◎ 全新的通用打印尺寸裁剪叠加

Lightroom 有不同的裁剪叠加方式，如网格、三分法则、黄金螺线等，还可以显示打印品的长宽比叠加（如 5×7 裁剪、2×3 裁剪等）。想获得该长宽比叠加，可先选取裁剪叠加工具，按字母键【O】，直到该比例的叠加出现。

◎ 自定义设置裁剪叠加工具的长宽比

若想选择期望的裁剪比例，则前往"工具"菜单（位于"修改照片"模块），在"裁剪参考线叠加"下选择"选取长宽比"，打开一个对话框，选择期望显示的预设尺寸。

◎ 隐藏不使用的裁剪叠加

如果使裁剪叠加处于激活状态，每次按字母键【O】后，都将在不同的裁剪叠加方式间（三分法则、黄金螺线、长宽比叠加等）切换。如果发现有的选择不会用到，可以将它们隐藏，这能使通过切换获取想要的选择所花费的时间缩短。只需进入"工具"菜单，在"裁剪参考线叠加"下选择"选择要切换的叠加"，打开一个对话框，然后选择想隐藏的叠加即可。

◎ 同时删除多个修复点

如果想使用污点去除工具修复照片中的多个区域，或者是照片上的传感器蒙尘，或者镜头上的污点或者斑点，可以按住【Alt】（Mac:【Option】）键并单击每个点来删除任意单独修复点。若想一次删除多个编辑，则可按住【Alt】（Mac:【Option】）键，单击并在想要移除的修复点周围拖出选区，移除选区内的所有编辑。如果想一次删除所有的修复，只需要单击污点去除工具面板底部的"复位"按钮即可。

◎ 让 Lightroom 记住你的缩放位置

如果希望Lightroom记住不同照片之间的缩放量和缩放位置,请前往"视图"菜单,然后选择"锁定缩放位置"。在不同照片间切换时,它将自动以同样的程度和位置进行缩放。

◎ 放大 / 缩小页面

按【Ctrl】+【+】(Mac:【Command】+【+】)组合键可以放大页面,按【Ctrl】+【-】(Mac:【Command】+【-】)组合键可以缩小页面。

图 8-10

◎ 缩放多张照片

正在处理不止包含一张照片的页面时,如果想放大所有照片,只需要选中第一张,按住【Shift】键,选择页面上其他想要放大的照片,再拖动"缩放"滑块(图 8-10),所有选中的照片将就同时被缩放。

◎ 将画册转换为适合打印的 sRGB 格式

大多数摄影工作室会把要打印的照片转换为 sRGB 格式。在打印画册时,将画册发送到 Blurb 时,其中的照片会自动转换为 sRGB 格式。

◎ 调整画册中的照片

如果想对画册中的一张照片进行编辑,只需要单击照片,然后按字母键【D】转到"修改照片"模块,在该模块中调整照片,再按【Ctrl】+【Alt】+【4】(Mac:【Command】+【Option】+【4】)组合键跳回"画册"模块,继续之前的操作。

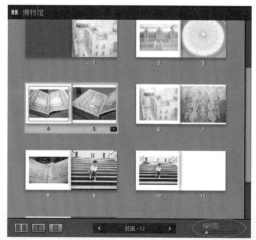

◎ 调整多页视图下缩览图的大小

在多页视图模式下时,我们可以调整缩览图的大小,既可以在同一个地方看到多个页面,也可以以较大视图查看跨页。可以在工具栏(在预览区域正下方)的右端使用"缩览图"滑块(图 8-11)实现这一功能。

图 8-11

◎ 多页视图下整理页面时获取更大视图

当整理画册中两页跨页的顺序时，按住【Shift】+【Tab】组合键隐藏所有面板，将产生一个更大的画册视图，并且当有更多这样的空间时，移动跨页将变得更简单。

◎ 4组快捷键帮你节省大量时间

以下 4 组快捷键会大大加快你制作画册的工作进程：①【Ctrl】+【E】（Mac:【Command】+【E】）——可以切换到多页视图；②【Ctrl】+【R】（Mac：【Command】+【R】）键——可以切换到跨页视图；③【Ctrl】+【T】（Mac:【Ccommand】+【T】）——可以切换到单页视图；④【Ctrl】+【U】（Mac:【Command】+【U】）——可以切换到放大页面视图。

◎ 添加页面

如果单击"页面"面板的"添加页面"按钮，Lightroom 将会在画册末尾添加一个全新的空白页面。在更多情况下，我们需要在画册中当前工作的地方添加一个页面，即在当前页的前面添加页面，而不是在画册末尾添加页面。用鼠标右键单击该页面，然后选择"添加页面"（图 8-12），Lightroom 就会在那里添加页面。

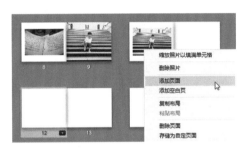

图 8-12

◎ 为什么在按顺序放置照片前要尝试自动布局

让 Lightroom 通过随机使用照片进行画册页面自动布局（图 8-13）的好处是通常会发现有几个双页布局看起来很搭配，而我们之前可能从未想过要将这两张照片放在一起。

图 8-13

◎ 自定页面保存提示

当创建了一个自定页面设计，将其保存为自己的自定页面时，系统将记录该自定页面拥有多少单元格及它们的位置，是否有文本字段及文本字段的位置。它无法记录是否将单元格设定为缩放照片至填满、文本格式（如字体、大小等），或者是否有多行文本。

◎ 仅修改某一个页面的页码格式

在默认状态下，使用"页面"面板的页码功能自动为画册添加的页码将使用同一个格式（它们都是用选择的字体、大小和其他格式）。我们可在页面中需要修改颜色或尺寸的页码上单击鼠

239

图 8-14

标右键，然后在弹出的菜单中单击"全局应用页码样式"（图 8-14）以将其关闭。现在，可以高亮显示页面上的页码，然后前往"类型"面板，选择其颜色为白色，其他页面的页码也可以被独立编辑。

◎ 在多张照片下添加图注

如果发现一个页面中有多张照片，希望在每张照片下单独添加图注，可单击第一张照片，然后按住【Ctrl】（Mac：【Command】）键，单击选中其他照片。接着前往"文本"面板，勾选"照片文本"复选框，每张选中的照片正下方就都有一个属于自己的单独文本框。

图 8-15

◎ 从图像元数据中自动提取图注

"照片文本"复选框（位于"文本"面板内）的右边是"自定文本"下拉菜单，包括从图像元数据如曝光度、相机制造商和型号等中提取图注的选项（图 8-15）。我们也可以选择编辑自定图注，打开文本模板编辑器，在其中编辑图注文本。可在"类型"面板中修改这类图注文本的格式，如字体、大小、规格等。

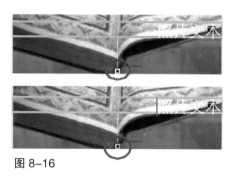

图 8-16

◎ 锁定图注文本的位置

如果在页面内确定了图注文本的位置，要确保它不会因为切换照片或者移动单元格而移动，只需单击图注字段边缘上有黑色方块心的方形图标（图 8-16）。它呈现黄色表示图注位置已经被锁定。若想解锁，再次在方形图标上单击即可。

◎ 省钱的纸张类型

如果想在画册上省点钱，可选择标准纸张类型。例如，对于使用精装版图片封面的标准横向尺寸画册，如果将纸张类型从高级光泽纸换成标准纸将节省不少费用。

◎ 转到单页视图

在多页视图下双击任意页面可以转到该页面的单页视图。

◎ 使用草稿模式提速

没有编辑幻灯片时，建议使用草稿模式来加快幻灯片预览，这可免去等待渲染的时间：从"回放"面板下方的"品质"下拉菜单中选择"草稿"。共有三个品质可供选择，即"草稿"（相当快）、"标准"（比较快）和"高"（比较慢）。这些"品质"设置只在 Lightroom 的幻灯片预览中才能使用。

◎ 关闭"效果"

如果不希望幻灯片中出现花哨的特效（音乐同步、平移和缩放、随机顺序等），可单击"回放"面板中的"手动"按钮（图 8-17）关闭这些特效。单击"自动"按钮则再次打开这些特效。

图 8-17

◎ 预览幻灯片放映内的照片效果

我们在中央预览区域下方工具箱最右端可以看到一些文本。它们显示当前收藏夹内有多少照片。如果把光标移动到该文字上单击并左右拖动，可查看当前幻灯片放映布局内的其他照片。

◎ 旋转箭头的用处

工具箱中有两个旋转箭头。它们不是用于旋转照片，而是用于旋转我们创建的自定文本。

◎ 一种更好的启动幻灯片放映的方法

在启动幻灯片放映时，一旦幻灯片显示到屏幕上，就可按空格键暂停播放。当观众坐到屏幕前时，他们看不到第一张照片，他们看到的只是黑色屏幕或者标题屏幕。准备开始展示时，再次按空格键，就可正式开始幻灯片放映。

◎ 精细的幻灯片设计

如果遇到在 Lightroom 内无法设计的幻灯片，则可以用 Photoshop 制作幻灯片，把它们保存为 JPEG 格式，之后重新把完成后的幻灯片导入 Lightroom，再给它们添加背景音乐等效果。

◎ 分享关键字

如果想要在不同计算机上使用 Lightroom 副本内的关键字，或者与他人分享这些关键字，则转到"元数据"菜单，选择"导出关键字"命令，创建具有所有关键字的文本文件。要把它们导入另一个用户的 Lightroom 副本中，可从"元数据"菜单中选择"导入关键字"命令，之后找到前面导出的关键字文件。

◎ 删除未使用的关键字

"关键字列表"面板中变灰的关键字没有用在 Lightroom 中的任何照片上。删除这些孤立的关键字，可以使关键字列表更加精简。转到"元数据"菜单，选择"清除未使用的关键字"即可。

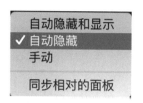

图 8-18

◎ 自动隐藏顶部的任务栏

为了隐藏顶部的任务栏，我们考虑打开自动隐藏功能（图 8-18）。当自动隐藏打开后，任务栏保持在收拢状态。只有单击中间的灰色三角形它才显露出来。

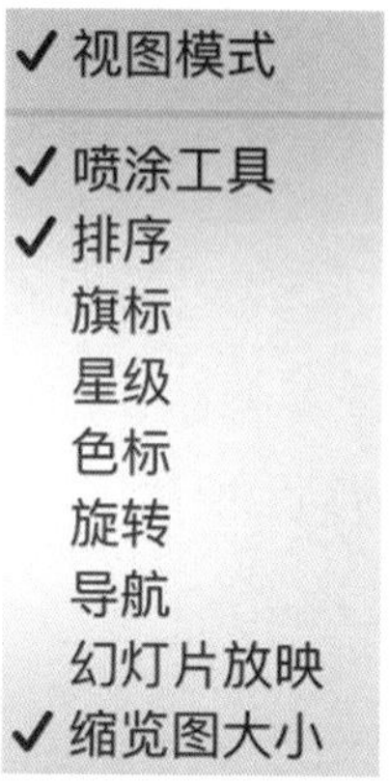

◎ 工具栏内的更多选项

在默认状态下，Lightroom 中央预览区域下面的工具栏中会显示许多不同的工具和选项。单击工具栏最右边的小三角形，弹出的菜单会显示出一个工具栏列表（图 8-19）。我们可以选择想要的工具和选项（包括一些一直认为没有用的工具）。

图 8-19

◎ 找出指定照片所在的收藏夹

如果滚动查看 Lightroom 的整个目录（已经单击"目录"面板中的"所有照片"），看到一幅照片并想知道它位于哪个收藏夹中，只需用鼠标右键单击该照片，然后在弹出的菜单中选择"转到收藏夹"（图 8-20），在后面的子菜单中就能看到该照片所在的收藏夹。如果该照片没有位于任何收藏夹中，我们可以选择是否将它添加到某个收藏夹中。

图 8-20

◎ 使面板变得更宽

如果想要使面板变得更宽（或更细长），只需将光标移动到中央预览区域的边缘上（光标将会变成一个双头光标）单击并向外拖动（或者向内拖动）。

◎ 打开 / 关闭过滤器

按【Ctrl】+【L】（Mac:【Command】+【L】）组合键，可以打开 / 关闭过滤器（包括图库过滤器栏内的旗标、分级、元数据等）。

◎ 一次向多张照片添加元数据

如果手动为照片输入一些 IPTC 元数据，想把同样的元数据应用到其他照片上，则不必再次输入它们，可以复制该元数据，把它们粘贴到其他照片上。在具有想要的元数据的照片上单击，

之后按【Ctrl】（Mac：【Command】）键并单击选择想要添加该元数据的其他照片。现在单击"同步元数据"按钮（位于右侧面板区域的底部，图 8-21），在打开的对话框中单击"同步"按钮，用该元数据更新其他照片。

图 8-21

◎ 添加到收藏夹

如果频繁地使用某一特定收藏夹，可以将其保存，以便一键打开。单击"收藏夹"面板中的该收藏夹，然后在胶片显示窗格左上侧弹出的菜单中选择"添加到收藏夹"。此收藏夹将一直出现在此弹出的菜单中。若想移去收藏夹，则单击此收藏夹，然后在弹出的菜单中选择"从收藏夹中移去"。

◎ 备份预设

创建自己的预设后，有时也需要备份。首先要找出所有这些预设在计算机中所处文件夹。可转到 Lightroom "编辑" 菜单下的 "首选项"，单击 "预设" 选项卡，再单击位于该对话框中部的 "显示 Lightroom 预设文件夹" 按钮。然后把这一整个文件夹拖放到独立的硬盘上进行备份。

◎ 自动前进功能的优点

向照片添加留用旗标或星级评级时，可以让 Lightroom 自动前进到下一幅照片。转到 "照片" 菜单，选择 "自动前进" 即可。

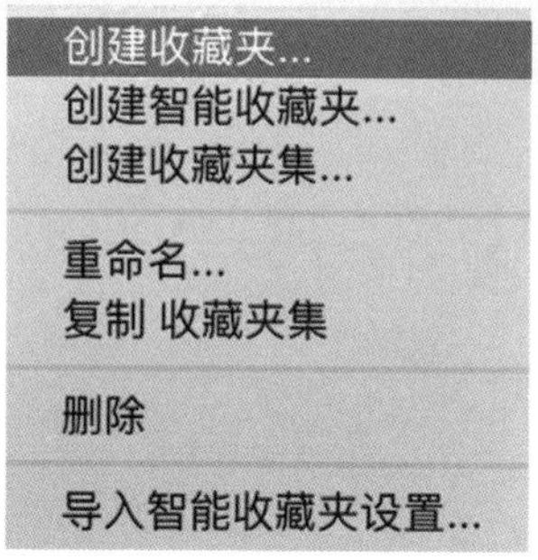

| 创建收藏夹... |
| 创建智能收藏夹... |
| 创建收藏夹集... |
| 重命名... |
| 复制 收藏夹集 |
| 删除 |
| 导入智能收藏夹设置... |

图 8-22

◎ 在现有收藏夹中集中创建收藏夹

在现有收藏夹集中创建收藏夹最快捷的方法是用鼠标右键单击该收藏夹集（位于"收藏夹"面板内），选择"创建收藏夹"（图 8-22）。在弹出的对话框内勾选"在收藏夹集内部"复选框后，将自动选择该收藏夹集。之后要做的是为新收藏夹命名，然后单击"创建"按钮。

◎ 创建搜索预设

图库过滤器最右端的下拉菜单内有一些过滤预设。如果经常使用某种搜索，可以把自定义的搜索预设也保存在这里。在该下拉列表内选择"将当前设置存储为新预设"即可。